JN159632

# 四季の
# 山野草

身近な草花453種

森田吉重・著
（神戸山草会）

## はじめに

この本は2016年1月1日から2017年4月9日まで神戸新聞に掲載されたコラムを集め科別に並び替えたものです。

拙い文章は全て私が書きましたが、写真は神戸山草会のメンバー、私を含めて十三名で出し合いランダムに並べました。日頃たまたま撮りためた写真を集めたため計画性がなく、数多い山野草の中で概ね一般的で多くのメンバーの好みのものが集まったと言えるのですが、気候的に当地方では栽培不可能なものもあり、また是非取り入れたいと思いながら写真が集まらなかったものもあって残念ながら図鑑的な用い方には適していないかもしれません。当然入るべきはずの種が幾つかぬけています。考えるに山野草栽培を楽しんでいる人たちにとっては最低限一般的に、また常識的に知られている範囲のものとなっています。

文中自生地・花期・分類（学名）等について、いずれもやや不確かで最終的に会員（現神戸山草会会長）の馬場郁夫兄に可能な限り精査をお願いしたのですが、次々に自生地が発見されて広がったり、花期については高山と低地での差などで少し曖昧になりました。学名についてはこのところDNA解析での分類が定着し予想外に組み替えられて戸惑うことが多く、一応標準として概ね通称「YList」と呼ばれている学名と和名の索引表を参考にしました。

自然保護の第一歩は名前を覚えることと言われています。また名前を覚えその情報を知ることは保護ばかりでなく大きな楽しみにつながります。どうかこの本を手元に置いて楽しんでいただけるのをこころから望んでいます。

なお、植物をもっと深く知りたい、手にとって栽培もしてみたいと思われたら、是非神戸山草会に参加していただいて、私達の仲間に加わってもらえれば望外の喜びです。心からお待ちしています。

雑草苑　森田　拝

# 花・葉・根の名称

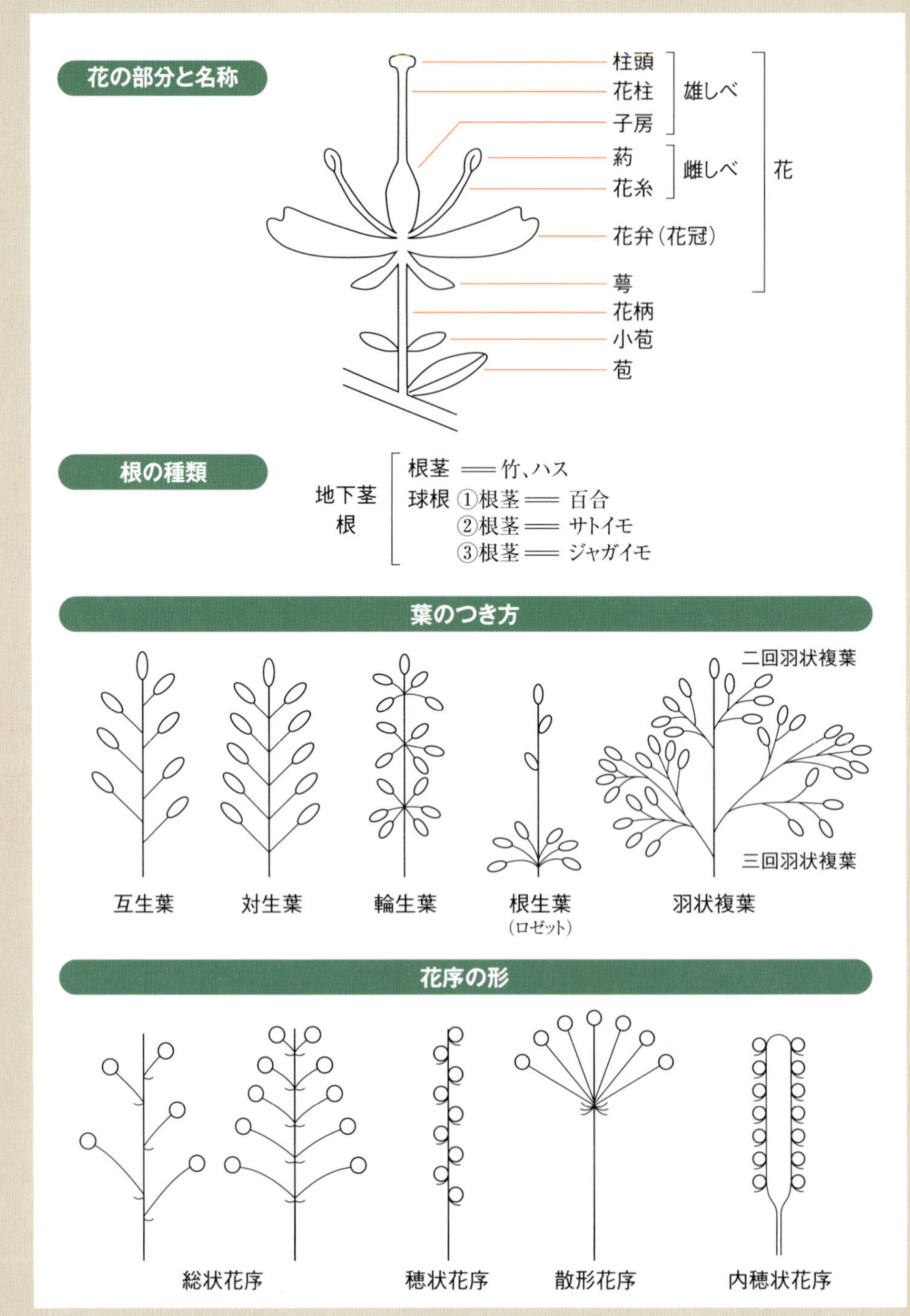

花の部分と名称
柱頭
花柱
子房
雄しべ
葯
花糸
雌しべ
花
花弁（花冠）
萼
花柄
小苞
苞
根の種類
地下茎
根
根茎 ══ 竹、ハス
球根 ①根茎 ══ 百合
②根茎 ══ サトイモ
③根茎 ══ ジャガイモ
葉のつき方
二回羽状複葉
三回羽状複葉
互生葉
対生葉
輪生葉
根生葉
（ロゼット）
羽状複葉
花序の形
総状花序
穂状花序
散形花序
内穂状花序

# 凡例

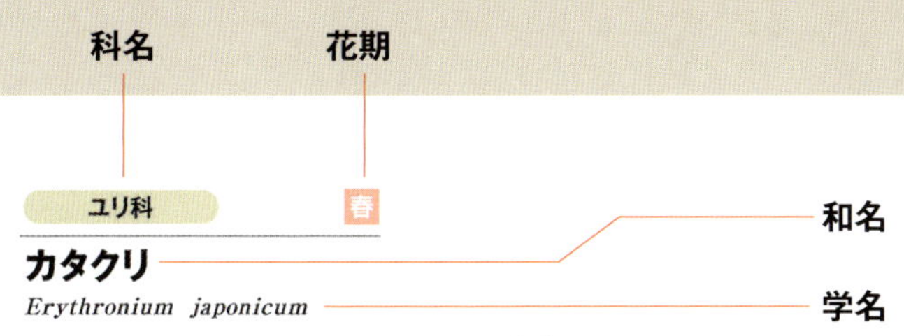


片栗、ユリ科カタクリ属。「もののふの八十乙女らがくみまがふ寺井の上の堅香子の花」大伴家持。有名な万葉歌。今でもカタコ、カタゴと呼ぶ所があり、古くから親しまれ、愛されていたのが分かる。日本全土、サハリン、南千島、朝鮮に自生し、明るい雑木林の林床に群生、葉に油点があり、6弁の花びらは反転する。地下に小指ほどの球根があり、昔はこれを掘ってかたくり粉を取った。

**片栗**
カタクリ

温帯の落葉広葉樹林の林床に生える春の妖精（Spring ephemeral）の代表的な植物。春早く芽を出し花期は3～5月。木々が葉を茂らせ林床が暗くなる6月には葉を落とし球根だけになって休眠する。片栗粉と言えば今はジャガイモの澱粉だが、本来は大きな物でも4センチほどで小指の太さにも満たないこの球根から採った。山菜として葉を抜くのも気がひけるが、自生地は大抵密生している。掘り取るのは重労働であろうが貴重な食料であっただろう。大きなものだけを採り後は平らにしておけば3～4年で元に戻る。それが雑草や笹の繁殖を防ぐ適法だったと思う。種子から育てると開花まで6～7年かかる。栽培にはブドウ糖など糖を施すと効果がある。

**コラム**

和名の漢字表記を入れ、名前・学名の由来や別の呼び名、歴史的なエピソード、育て方などを詳しく紹介しています。

# 目　次

はじめに　1
花・葉・根の名称　2
凡例　3

| 科 | 和名 | 学名 | ページ |
|---|---|---|---|
| イワヒバ科 | イワヒバ | *Selaginella tamariscina* | 14 |
| ハナヤスリ科 | フユノハナワラビ | *Botrychium ternatum* | 14 |
| ウラジロ科 | ウラジロ | *Diplopterygium glaucum* | 15 |
| | コシダ | *Dicranopteris linearis* | 15 |
| チャセンシダ科 | チャセンシダ | *Asplenium trichomanes* | 16 |
| イワデンダ科 | イワデンダ | *Woodsia polystichoides* | 16 |
| オシダ科 | アマミデンダ | *Polystichum obae* | 17 |
| | ジュウモンジシダ | *Polystichum tripteron* | 17 |
| シノブ科 | シノブ | *Davallia mariesii* | 18 |
| ウラボシ科 | ヤリノホクリハラン | *Leptochilus wrightii* | 19 |
| | ヤノネシダ | *Neocheiropteris buergeriana* | 19 |
| | ヒトツバ | *Pyrrosia lingua* | 20 |
| | ビロードシダ | *Pyrrosia linearifolia* | 20 |
| ウェルウィッチア科 | キソウテンガイ | *Welwitschia mirabilis* | 21 |
| マツバラン科 | マツバラン | *Psilotum nudum* | 22 |
| スイレン科 | コウホネ | *Nuphar japonica* | 22 |
| | ヒツジグサ | *Nymphaea tetragona var. angusta* | 23 |
| ウマノスズクサ科 | アリマウマノスズクサ | *Aristolochia shimadae* | 23 |
| | フタバアオイ | *Asarum caulescens* | 24 |
| | オナガカンアオイ | *Asarum minamitanianum* | 24 |
| | クロフネサイシン | *Asarum dimidiatum* | 25 |
| | サカワサイシン | *Asarum sakawanum var. sakawanum* | 25 |
| | ホシザキカンアオイ | *Asarum sakawanum var. stellatum* | 26 |
| | ミヤコアオイ | *Asarum asperum var. asperum* | 27 |
| | セイガンサイシン | *Asarum caudatum* | 27 |
| | アリストロキア・ギガンティア | *Aristolochia gigantea* | 28 |
| | サルマ・ヘンリー | *Saruma henryi* | 28 |
| センリョウ科 | ヒトリシズカ | *Chloranthus quadrifolius* | 29 |
| | フタリシズカ | *Chloranthus serratus* | 29 |
| サトイモ科 | ウラシマソウ | *Arisaema thunbergii subsp. urashima* | 30 |
| | ホロテンナンショウ | *Arisaema cucullatum* | 30 |
| | ムサシアブミ | *Arisaema ringens* | 31 |
| | ユキモチソウ | *Arisaema sikokianum* | 31 |
| | ミズバショウ | *Lysichiton camtschatcense* | 32 |
| | ザゼンソウ | *Symplocarpus renifolius* | 33 |
| | モモイロテンナンショウ | *Arisaema candidissimum* | 33 |
| シュロソウ科 | シライトソウ | *Chionographis japonica* | 34 |
| | ショウジョウバカマ | *Helonias orientalis* | 34 |
| | キヌガサソウ | *Kinugasa japonica* | 35 |
| | ツクバネソウ | *Paris tetraphylla* | 35 |
| | エンレイソウ | *Trillium apetalon* | 36 |
| ユリ科 | カタクリ | *Erythronium japonicum* | 37 |

ウバユリ *Cardiocrinum cordatum var. cordatum* 38
ツバメオモト *Clintonia udensis* 38
クロユリ *Fritillaria camschatcensis* 39
アワコバイモ *Fritillaria muraiana* 39
イズモコバイモ *Fritillaria ayakoana* 40
カイコバイモ *Fritillaria kaiensis* 40
コシノコバイモ *Fritillaria koidzumiana* 41
ホソバナコバイモ *Fritillaria amabilis* 41
ミノコバイモ *Fritillaria japonica* 42
キバナノアマナ *Gagea lutea* 42
カノコユリ *Lilium speciosum* 43
コオニユリ *Lilium leichtlinii f. pseudotigrinum* 43
スカシユリ *Lilium maculatum* 44
ササユリ *Lilium japonicum* 45
ヒメサユリ *Lilium rubellum* 45
ヒメユリ *Lilium concolor var. partheneion* 46
ヤマユリ *Lilium auratum* 46
ホトトギス *Tricyrtis hirta* 47
キバナノツキヌキホトトギス *Tricyrtis perfoliata* 48
ジョウロウホトトギス *Tricyrtis macrantha* 48
キイジョウロウホトトギス *Tricyrtis macranthopsis* 49
ヤマホトトギス *Tricyrtis macropoda* 49
ヤマジノホトトギス *Tricyrtis affinis* 50
アマナ *Amana edulis* 50
アミガサユリ *Fritillaria thunbergii* 51
ホウコウユリ *Lilium duchartrei* 51
タカサゴユリ *Lilium formosanum* 52

イヌサフラン科

チゴユリ *Disporum smilacinum* 52
キバナチゴユリ *Disporum lutescens* 53
ホウチャクソウ *Disporum sessile* 53
ウブラリア・グランディフローラ *Uvularia grandiflora* 54

ラン科

イワチドリ *Amitostigma keiskei* 54
ヒナラン *Amitostigma gracile* 55
エノモトチドリ *Amitostigma 'Enomoto Chidori'* 55
マメヅタラン *Bulbophyllum drymoglossum* 56
エビネ *Calanthe discolor* 56
キエビネ *Calanthe striata* 57
ダルマエビネ *Calanthe alismifolia* 58
トクノシマエビネ *Calanthe tokunoshimensis* 58
ナツエビネ *Calanthe puberula var. reflexa* 59
タカネ *Calanthe discolor x C. striata* 59
ホテイラン *Calypso bulbosa var. speciosa* 60
シュンラン *Cymbidium goeringii* 60
マヤラン *Cymbidium macrorhizon* 61
アツモリソウ *Cypripedium macranthos var. speciosum* 61
クマガイソウ *Cypripedium japonicum* 62
セッコク *Dendrobium moniliforme* 62
カキラン *Epipactis thunbergii* 63
ツチアケビ(実) *Cyrtosia septentrionalis* 63

| | | |
|---|---|---|
| | カシノキラン *Gastrochilus japonicus* | 64 |
| | ベニシュスラン *Goodyera biflora* | 64 |
| | サギソウ *Pecteilis radiata* | 65 |
| | フウラン *Vanda falcata* | 66 |
| | ヨウラクラン *Oberonia japonica* | 66 |
| | カモメラン *Galearis cyclochila* | 67 |
| | ハクサンチドリ *Dactylorhiza aristata* | 67 |
| | コバノトンボソウ *Platanthera tipuloides subsp. nipponica* | 68 |
| | ミズチドリ *Platanthera hologlottis* | 68 |
| | ウチョウラン *Ponerorchis graminifolia* | 69 |
| | サツマチドリ *Ponerorchis graminifolia var. nigropunctata* | 69 |
| | カヤラン *Thrixspermum japonicum* | 70 |
| | ナゴラン *Sedirea japonica* | 70 |
| | クモラン(実) *Taeniophyllum glandulosum* | 71 |
| | タイリントキソウ *Pleione formosana* | 71 |
| | ムレチドリ *Stenoglottis fimbriata* | 72 |
| テコフィレア科 | テコフィレア・キアノクロクス *Tecophilaea cyanocrocus* | 72 |
| アヤメ科 | ヒオウギ *Iris domestica* | 73 |
| | エヒメアヤメ *Iris rossii* | 73 |
| | ノハナショウブ *Iris ensata var. spontanea* | 74 |
| | カキツバタ *Iris laevigata* | 75 |
| | ヒオウギアヤメ *Iris setosa* | 75 |
| | ヒメシャガ *Iris gracilipes* | 76 |
| | チリアヤメ *Alophia amoena* | 76 |
| | フリージア・ムイリー *Freesia muirii* | 77 |
| | イリス・レティキュラータ *Iris reticulata* | 77 |
| | シシリンチウム・スツリアツム *Sisyrinchium striatum* | 78 |
| ヒガンバナ科 | キツネノカミソリ *Lycoris sanguinea var. sanguinea* | 78 |
| | カンカケイニラ *Allium togashii* | 79 |
| | アキザキスノーフレーク *Acis autumnalis* | 79 |
| | キルタンサス・サンギネウス *Cyrtanthus sanguineus* | 80 |
| | マユハケオモト *Haemanthus albiflos* | 80 |
| | ハナニラ *Ipheion uniflorum* | 81 |
| | ヒガンバナ *Lycoris radiata* | 81 |
| | ナルキッサス・カンタブリクス *Narcissus cantabricus* | 82 |
| | ネリネ・ウンドゥラータ *Nerine undulata* | 82 |
| キジカクシ科 | ケイビラン *Comospermum yedoense* | 83 |
| | スズラン *Convallaria majalis var. manshurica* | 83 |
| | カンザシギボウシ *Hosta capitata* | 84 |
| | ヒメイワギボウシ *Hosta longipes var. gracillima* | 84 |
| | ミズギボウシ *Hosta longissima* | 85 |
| | マイヅルソウ *Maianthemum dilatatum* | 86 |
| | ユキザサ *Maianthemum japonicum* | 86 |
| | アマドコロ *Polygonatum odoratum var. pluriflorum* | 87 |
| | ナルコユリ *Polygonatum falcatum* | 87 |
| | オトメギボウシ *Hosta venusta* | 88 |
| | ラケナリア・ビリディフローラ *Lachenalia viridiflora* | 88 |
| | マッソニア・プスツラータ *Massonia pustulata* | 89 |
| カヤツリグサ科 | サギスゲ *Eriophorum gracile* | 89 |

ワタスゲ *Eriophorum vaginatum* 90
メギ科
サンカヨウ *Diphylleia grayi* 90
イカリソウ *Epimedium grandiflorum var. thunbergianum* 91
キバナイカリソウ *Epimedium koreanum* 92
スズフリイカリソウ *Epimedium sasakii* 92
バイカイカリソウ *Epimedium diphyllum* 93
トガクシソウ *Ranzania japonica* 93
エピメディウム·マクロセパラム *Epimedium macrosepalum* 94
タツタソウ *Jeffersonia dubia* 94
ウンナンハッカクレン *Podophyllum aurantiocaule* 95
ショウハッカクレン *Podophyllum difforme* 95
アメリカハッカクレン *Podophyllum peltatum* 96
キンポウゲ科
ヤマトリカブト *Aconitum japonicum subsp. japonicum* 96
レイジンソウ *Aconitum loczyanum* 97
アズマイチゲ *Anemone raddeana* 97
フクジュソウ *Adonis ramosa* 98
イチリンソウ *Anemone nikoensis* 99
キクザキイチゲ *Anemone pseudoaltaica* 99
ニリンソウ *Anemone flaccida* 100
ハクサンイチゲ *Anemone narcissiflora subsp. nipponica* 100
ユキワリイチゲ *Anemone keiskeana* 101
レンゲショウマ *Anemonopsis macrophylla* 101
ヤマオダマキ *Aquilegia buergeriana var. buergeriana* 102
ミヤマオダマキ *Aquilegia flabellata var. pumila* 103
キタダケソウ *Callianthemum hondoense* 103
ヒダカソウ *Callianthemum miyabeanum* 104
リュウキンカ *Caltha palustris var. nipponica* 104
サラシナショウマ *Cimicifuga simplex* 105
シロバナカザグルマ *Clematis patens f. leucantha* 105
ハンショウヅル *Clematis japonica* 106
シロバナハンショウヅル *Clematis williamsii* 106
センニンソウ *Clematis terniflora* 107
バイカオウレン *Coptis quinquefolia* 107
セリバオウレン *Coptis japonica var. major* 108
サンインシロカネソウ *Dichocarpum sarmentosum* 108
ツルシロカネソウ *Dichocarpum stoloniferum* 109
シラネアオイ *Glaucidium palmatum* 109
セツブンソウ *Eranthis pinnatifida* 110
シナノキンバイ *Trollius japonicus* 111
バイカカラマツ *Anemonella thalictroides* 111
クロバナオダマキ *Aquilegia viridiflora f. atropurpurea* 112
クレマチス・モンタナ *Clematis montana* 112
クリスマスローズ *Helleborus niger* 113
レンテンローズ *Helleborus orientalis* 113
ヒトツバオキナグサ *Pulsatilla integrifolia* 114
ルイコフイチゲ *Pulsatilla tatewakii* 114
ハゴロモキンポウゲ *Ranunculus calandrinioides* 115
キクザキリュウキンカ *Ficaria verna* 115
イトハカラマツ *Thalictrum foeniculaceum* 116

| | | | |
|---|---|---|---|
| ケシ科 | ヤマエンゴサク | *Corydalis lineariloba* | *116* |
| | ジロボウエンゴサク | *Corydalis decumbens* | *117* |
| | エゾエンゴサク | *Corydalis fumariifolia* | *117* |
| | キケマン | *Corydalis heterocarpa var. japonica* | *118* |
| | ミヤマキケマン | *Corydalis pallida var. tenuis* | *118* |
| | ムラサキケマン | *Corydalis incisa* | *119* |
| | ヤマブキソウ | *Hylomecon japonica* | *119* |
| | コマクサ | *Dicentra peregrina* | *120* |
| | リシリヒナゲシ | *Papaver fauriei* | *121* |
| | オサバグサ | *Pteridophyllum racemosum* | *121* |
| | シラユキゲシ | *Eomecon chionantha* | *122* |
| | メコノプシス·ベトニキフォリア | *Meconopsis betonicifolia* | *122* |
| タデ科 | イブキトラノオ | *Bistorta officinalis subsp. japonica* | *123* |
| | ハルトラノオ | *Bistorta tenuicaulis var. tenuicaulis* | *123* |
| ナデシコ科 | カワラナデシコ | *Dianthus superbus var. longicalycinus* | *124* |
| | シナノナデシコ | *Dianthus shinanensis* | *124* |
| | エゾタカネツメクサ | *Minuartia arctica var. arctica* | *125* |
| | センジュガンピ | *Silene gracillima* | *125* |
| | タカネビランジ | *Silene akaisialpina* | *126* |
| | ツルビランジ | *Silene keiskei var. minor f. procumbens* | *127* |
| | エンビセンノウ | *Silene wilfordii* | *127* |
| | フシグロセンノウ | *Silene miqueliana* | *128* |
| | マツモトセンノウ | *Silene sieboldii* | *128* |
| | シコタンハコベ | *Stellaria ruscifolia* | *129* |
| | ムシトリナデシコ | *Silene armeria* | *129* |
| | サボンソウ | *Saponaria officinalis* | *130* |
| ヌマハコベ科 | レウイシア·ブラキカリックス | *Lewisia brachycalyx* | *130* |
| | レウイシア·レディビバ | *Lewisia rediviva* | *131* |
| ボタン科 | ヤマシャクヤク | *Paeonia japonica* | *131* |
| スグリ科 | ヤシャビシャク(実) | *Ribes ambiguum* | *132* |
| ボタン科 | ベニバナヤマシャクヤク | *Paeonia obovata* | *133* |
| ユキノシタ科 | アカショウマ | *Astilbe thunbergii* | *133* |
| | アワモリショウマ | *Astilbe japonica* | *134* |
| | トリアシショウマ | *Astilbe thunbergii var. congesta* | *134* |
| | ヒトツバショウマ | *Astilbe simplicifolia* | *135* |
| | ネコノメソウ | *Chrysosplenium grayanum* | *135* |
| | ハナネコノメ | *Chrysosplenium album var. stamineum* | *136* |
| | ワタナベソウ | *Peltoboykinia watanabei* | *136* |
| | ダイモンジソウ | *Saxifraga fortunei var. alpina* | *137* |
| | ジンジソウ | *Saxifraga cortusifolia* | *137* |
| | シコタンソウ | *Saxifraga bronchialis subsp. funstonii var. rebunshirensis* | *138* |
| タコノアシ科 | タコノアシ | *Penthorum chinense* | *138* |
| ベンケイソウ科 | ミセバヤ | *Hylotelephium sieboldii* | *139* |
| | ヒダカミセバヤ | *Hylotelephium cauticola* | *140* |
| | テカリダケキリンソウ | *Phedimus aizoon var. floribundus* 'Tekaridake' | *140* |
| フウロソウ科 | ゲンノショウコ | *Geranium thunbergii* | *141* |
| | ハクサンフウロ | *Geranium yesoense var. nipponicum* | *141* |
| | イブキフウロ | *Geranium yesoense var. hidaense* | *142* |
| | ヒメフウロ | *Geranium robertianum* | *142* |

| | | |
|---|---|---|
| | ヒメフウロソウ *Erodium variabile* | 143 |
| ミソハギ科 | ミソハギ *Lythrum anceps* | 144 |
| アカバナ科 | ヒルザキツキミソウ *Oenothera speciosa* | 144 |
| ニシキギ科 | ウメバチソウ *Parnassia palustris var. palustris* | 145 |
| | オオシラヒゲソウ *Parnassia foliosa var. japonica* | 145 |
| スミレ科 | スミレ *Viola mandshurica var. mandshurica* | 146 |
| | アケボノスミレ *Viola rossii* | 147 |
| | クモノススミレ *Viola grypoceras var. rhizomata* | 147 |
| | シハイスミレ *Viola violacea var. violacea* | 148 |
| | スミレサイシン *Viola vaginata* | 148 |
| | ニオイタチツボスミレ *Viola obtusa* | 149 |
| | ノジスミレ *Viola yedoensis var. yedoensis* | 149 |
| | ヒゴスミレ *Viola chaerophylloides var. siebaldiana* | 150 |
| | ヒナスミレ *Viola tokubuchiana var. takedana* | 150 |
| | キバナノコマノツメ *Viola biflora var. biflora* | 151 |
| マメ科 | レブンソウ *Oxytropis megalantha* | 151 |
| カタバミ科 | ミヤマカタバミ *Oxalis griffithii* | 152 |
| バラ科 | キンキマメザクラ *Cerasus incisa var. kinkiensis* | 153 |
| | チョウノスケソウ *Dryas octopetala var. asiatica* | 153 |
| | チングルマ *Sieversia pentapetala* | 154 |
| | シモツケソウ *Filipendula multijuga* | 155 |
| | エビガライチゴ(実) *Rubus phoenicolasius* | 155 |
| | フユイチゴ(実) *Rubus buergeri* | 156 |
| | ナワシロイチゴ(実) *Rubus parvifolius* | 156 |
| | ヘビイチゴ(実) *Potentilla hebiichigo* | 157 |
| | シロバナノヘビイチゴ *Fragaria nipponica* | 157 |
| | テリハノイバラ *Rosa luciae* | 158 |
| | カライトソウ *Sanguisorba hakusanensis* | 158 |
| | ミツバシモツケ *Gillenia trifoliata* | 159 |
| | ナニワイバラ *Rosa laevigata* | 159 |
| | ハトヤバラ *Rosa laevigata f. rosea* | 160 |
| シュウカイドウ科 | シュウカイドウ *Begonia grandis* | 160 |
| アブラナ科 | ワサビ *Eutrema japonicum* | 161 |
| | ミヤウチソウ *Cardamine trifida* | 161 |
| | ウスキナズナ *Draba 'Usuki nazuna'* | 162 |
| アオイ科 | ハマボウ *Hibiscus hamabo* | 162 |
| ミズキ科 | ゴゼンタチバナ *Cornus canadensis* | 163 |
| アジサイ科 | ヤマアジサイ *Hydrangea serrata var. serrata* | 164 |
| | コアジサイ *Hydrangea hirta* | 164 |
| | シチダンカ *Hydrangea serrata var. serrata f. prolifera* | 165 |
| | キレンゲショウマ *Kirengeshoma palmata* | 165 |
| ハナシノブ科 | ミヤマハナシノブ *Polemonium caeruleum var. nipponicum* | 166 |
| | コンペキソウ *Phlox pilosa* | 166 |
| ツリフネソウ科 | ツリフネソウ *Impatiens textorii* | 167 |
| | キツリフネ *Impatiens noli-tangere* | 167 |
| | ハガクレツリフネ *Impatiens hypophylla* | 168 |
| サクラソウ科 | イワザクラ *Primula tosaensis var. tosaensis* | 168 |
| | サクラソウ *Primula sieboldii* | 169 |
| | ユキワリソウ *Primula farinosa subsp. modesta var. modesta* | 170 |

シコクカッコソウ *Primula kisoana var. shikokiana* 170
クリンソウ *Primula japonica* 171
トチナイソウ *Androsace chamaejasme subsp. lehmanniana* 171
オカトラノオ *Lysimachia clethroides* 172
ツマトリソウ *Trientalis europaea* 172
ツルハナガタ *Androsace sarmentosa* 173
リシマキア･コンゲスティフロラ *Lysimachia congestiflora* 173
シクラメン･バレアリカム *Cyclamen balearicum* 174
シクラメン･コウム *Cyclamen coum* 174
シクラメン･プルプラセンス *Cyclamen purpurascens* 175
シクラメン･ロールフシアナム *Cyclamen rohlfsianum* 176
ドデカテオン･メディア *Dodecatheon meadia* 176
プリムラ･メガセイフォリア *Primula megaseifolia* 177
ホザキサクラソウ *Primula vialii* 177
イワウメ科
イワウメ *Diapensia lapponica subsp. obovata* 178
イワカガミ *Schizocodon soldanelloides var. soldanelloides* 179
イワウチワ *Shortia uniflora* 179
ツツジ科
イワヒゲ *Cassiope lycopodioides* 180
アオノツガザクラ *Phyllodoce aleutica* 181
エゾノツガザクラ *Phyllodoce caerulea* 181
ミネズオウ *Loiseleuria procumbens* 182
シラタマノキ *Gaultheria pyroloides* 182
アカモノ（実） *Gaultheria adenothrix* 183
イワナシ *Epigaea asiatica* 183
ヤチツツジ *Chamaedaphne calyculata* 184
イソツツジ *Ledum palustre subsp. diversipilosum var. nipponicum* 184
エゾツツジ *Therorhodion camtschaticum* 185
ホツツジ *Elliottia paniculata* 185
ドウダンツツジ *Enkianthus perulatus* 186
サラサドウダン *Enkianthus campanulatus var. campanulatus* 186
ベニドウダン *Enkianthus cernuus f. rubens* 187
イワナンテン *Leucothoe keiskei* 187
ゴヨウツツジ *Rhododendron quinquefolium* 188
コメツツジ *Rhododendron tschonoskii var. tschonoskii* 188
ヤマツツジ *Rhododendron kaempferi var. kaempferi* 189
モチツツジ *Rhododendron macrosepalum* 189
コバノミツバツツジ *Rhododendron reticulatum* 190
サクラツツジ *Rhododendron tashiroi var. tashiroi* 190
バイカツツジ *Rhododendron semibarbatum* 191
ムラサキヤシオツツジ *Rhododendron albrechtii* 191
レンゲツツジ *Rhododendron molle subsp. japonicum* 192
ゲンカイツツジ *Rhododendron mucronulatum var. ciliatum* 192
ヒカゲツツジ *Rhododendron keiskei var. keiskei* 193
ホンシャクナゲ *Rhododendron japonoheptamerum var. hondoense* 193
ハクサンシャクナゲ *Rhododendron brachycarpum* 194
ダボエシア･カンタブリカ *Daboecia cantabrica* 195
ロードデンドロン･アルボレウム *Rhododendron arboreum* 195
ロードデンドロン･カロリニアナム *Rhododendoron carolinianum* 196
アカボシシャクナゲ *Rhododendron hyperythrum* 196

| | | | |
|---|---|---|---|
| | オオミノツルコケモモ(実) | *Vaccinium macrocarpon* | 197 |
| ムラサキ科 | エゾルリソウ | *Mertensia pterocarpa var. yezoensis* | 197 |
| | アンチューサ・ケスピトーサ | *Anchusa caespitosa* | 198 |
| アカネ科 | ヒナソウ | *Houstonia caerulea* | 198 |
| リンドウ科 | リンドウ | *Gentiana scabra var. buergeri* | 199 |
| | コケリンドウ | *Gentiana squarrosa* | 199 |
| | ハルリンドウ | *Gentiana thunbergii var. thunbergii* | 200 |
| | ヤクシマリンドウ | *Gentiana yakushimensis* | 200 |
| | センブリ | *Swertia japonica var. japanica* | 201 |
| | ツルリンドウ | *Tripterospermum japonicum var. japanicum* | 201 |
| | アケボノソウ | *Swertia bimaculata* | 202 |
| | チャボリンドウ | *Gentiana acaulis* | 202 |
| キョウチクトウ科 | イヨカズラ | *Vincetoxicum japonicum* | 203 |
| | クサナギオゴケ | *Vincetoxicum katoi* | 203 |
| ナス科 | マンドラゴラ | *Mandragora autumnalis* | 204 |
| ヒルガオ科 | ハマヒルガオ | *Calystegia soldanella* | 204 |
| イワタバコ科 | イワタバコ | *Conandron ramondioides var. ramondioides* | 205 |
| | シシンラン | *Lysionotus pauciflorus* | 206 |
| | スミレイワギリソウ | *Petrocosmea flaccida* | 206 |
| | ダンガイノジョウオウ | *Sinningia leucotricha* | 207 |
| ノウゼンカズラ科 | インカルビレア・デラバイ | *Incarvillea delavayi* | 207 |
| シソ科 | ジュウニヒトエ | *Ajuga nipponensis* | 208 |
| | カリガネソウ | *Tripora divaricata* | 208 |
| | ダンギク | *Caryopteris incana* | 209 |
| | ムシャリンドウ | *Dracocephalum argunense* | 209 |
| | シモバシラ | *Keiskea japonica* | 210 |
| | オドリコソウ | *Lamium album var. barbatum* | 210 |
| | オチフジ | *Meehania montis-koyae* | 211 |
| | ラショウモンカズラ | *Meehania urticifolia* | 211 |
| | ウツボグサ | *Prunella vulgaris subsp. asiatica* | 212 |
| | アキギリ | *Salvia glabrescens var. glabrescens* | 212 |
| | キバナアキギリ | *Salvia nipponica var. nipponica* | 213 |
| | タツナミソウ | *Scutellaria indica var. indica* | 213 |
| | イブキジャコウソウ | *Thymus quinquecostatus var. ibukiensis* | 214 |
| | ハマゴウ | *Vitex rotundifolia* | 214 |
| | ヒメオドリコソウ | *Lamium purpureum* | 215 |
| | キバナオドリコソウ | *Lamium galeobdolom* | 215 |
| ハマウツボ科 | ナンバンギセル | *Aeginetia indica* | 216 |
| サギゴケ科 | サギゴケ | *Mazus miquelii* | 217 |
| ハマウツボ科 | ママコナ | *Melampyrum roseum var. japonicum* | 217 |
| | エゾシオガマ | *Pedicularis yezoensis var. yezoensis* | 218 |
| | ミヤマシオガマ | *Pedicularis apodochila* | 218 |
| | ヨツバシオガマ | *Pedicularis japonica* | 219 |
| オオバコ科 | ウルップソウ | *Legotis glauca* | 219 |
| | トウテイラン | *Veronica ornata* | 220 |
| | キクバクワガタ | *Veronica schmidtiana subsp. schmidtiana* | 221 |
| | クガイソウ | *Veronicastrum japonicum var. japonicum* | 221 |
| | サンイントラノオ | *Veronica ogurae* | 222 |
| | ルリトラノオ | *Veronica subsessilis* | 222 |

| | | | |
|---|---|---|---|
| | ヒメルリトラノオ | *Veronica spicata* | 223 |
| セリ科 | ハマボウフウ | *Glehnia littoralis* | 223 |
| スイカズラ科 | オミナエシ | *Patrinia scabiosifolia* | 224 |
| | オトコエシ | *Patrinia villosa* | 224 |
| | マツムシソウ | *Scabiosa japonica var. japonica* | 225 |
| キキョウ科 | イワシャジン | *Adenophora takedae var. takedae* | 225 |
| | ツリガネニンジン | *Adenophora triphylla var. japonica* | 226 |
| | イワギキョウ | *Campanula lasiocarpa* | 226 |
| | チシマギキョウ | *Campanula chamissonis* | 227 |
| | ホタルブクロ | *Campanula punctata var. punctata* | 227 |
| | ヤマホタルブクロ | *Campanula punctata var. hondoensis* | 228 |
| | イシダテホタルブクロ | *Campanula punctata var. kurokawae* | 229 |
| | ヤツシロソウ | *Campanula glomerata subsp. speciosa* | 229 |
| | キキョウ | *Platycodon grandiflorus* | 230 |
| | サワギキョウ | *Lobelia sessilifolia* | 230 |
| | オガワギキョウ | *Campanula 'Ogawa-gikyou'* | 231 |
| | カナリーキキョウ | *Canarina canariensis* | 231 |
| | ハタザオギキョウ | *Campanula rapunculoides* | 232 |
| | イトシャジン | *Campanula rotundifolia* | 232 |
| ミツガシワ科 | ミツガシワ | *Menyanthes trifoliata* | 233 |
| | アサザ | *Nymphoides peltata* | 233 |
| | ガガブタ | *Nymphoides indica* | 234 |
| キク科 | エンシュウハグマ | *Ainsliaea dissecta* | 234 |
| | テイショウソウ | *Ainsliaea cordifolia var. cordifolia* | 235 |
| | ウサギギク | *Arnica unalaschcensis var. tschonoskyi* | 235 |
| | クルマギク | *Aster tenuipes* | 236 |
| | ハコネギク | *Aster viscidulus var. viscidulus* | 236 |
| | タカネコンギク | *Aster viscidulus var. alpinus* | 237 |
| | ダルマギク | *Aster spathulifolius* | 237 |
| | ノコンギク | *Aster microcephalus var. ovatus* | 238 |
| | ヤマシロギク | *Aster semiamplexicaulis* | 238 |
| | ヨメナ | *Aster yomena var. yomena* | 239 |
| | シュンジュギク | *Aster savatieri var. pygmaeus* | 239 |
| | オケラ | *Atractylodes ovata* | 240 |
| | イソギク | *Chrysanthemum pacificum* | 240 |
| | コハマギク | *Chrysanthemum yezoense* | 241 |
| | ピレオギク | *Chrysanthemum weyrichii* | 242 |
| | シマカンギク | *Chrysanthemum indicum var. indicum* | 242 |
| | サツマノギク | *Chrysanthemum ornatum var. ornatum* | 243 |
| | ノジギク | *Chrysanthemum japonense var. japonense* | 243 |
| | リュウノウギク | *Chrysanthemum makinoi* | 244 |
| | ノアザミ | *Cirsium japonicum var. japonicum* | 244 |
| | ハマアザミ | *Cirsium maritimum* | 245 |
| | フジアザミ | *Cirsium purpuratum* | 245 |
| | ミヤマアズマギク | *Erigeron thunbergii subsp. glabratus* | 246 |
| | ヒヨドリバナ | *Eupatorium makinoi* | 246 |
| | サケバヒヨドリ | *Eupatorium laciniatum* | 247 |
| | サワヒヨドリ | *Eupatorium lindleyanum var. lindleyanum* | 247 |
| | フジバカマ | *Eupatorium japonicum* | 248 |

【コラム】

イワヒバ科　春　夏　秋

## イワヒバ

*Selaginella tamariscina*

岩檜葉、巻柏、イワヒバ科イワヒバ属。別名のイワマツ（岩松）の方がよく知られている。山地の岩壁や岩上に生える常緑のシダで、根の塊が茎のように束になって、冬は特に乾燥して強く巻き込み、湿気があると樹冠状に四方に開く。古くから古典園芸として観賞用にされ、葉先が赤い物、黄色の物など、多くの園芸品種が今でも作られている。非常に強く、葉を少し切って挿し木で増える。

ハナヤスリ科　秋　冬　春

## フユノハナワラビ

*Botrychium ternatum*

冬の花蕨、ハナヤスリ科ハナワラビ属。平地や低山の草原に生える多年性シダ。夏の間は枯れて休眠する冬緑性。毎年30センチほどの葉を１本出し、基部で２分して１本は栄養葉、もう１本は胞子葉となる。栄養葉は一見、三角形あるいは五角形に見える。直射日光に当てると、水分不足で赤褐色になるため、やや日陰を好む。盆栽の添えにもよく使われる。

ウラジロ科 

## ウラジロ

*Diplopterygium glaucum*

裏白、羊歯植物ウラジロ科ウラジロ属。福島県から新潟県以南、四国、九州、南西諸島からアジアの熱帯地域まで、山地の傾斜地に自生する。翌年、２枚の葉の間から茎を出して新たに２枚の葉をつける。幅１メートルほどだが、熱帯域では３メートル、高さは10メートルにも達し、硬い細い根で広がって大群落を作る。裏が白く正月飾りに、また重ね餅の上、ダイダイの下にも置かれる。

ウラジロ科 

## コシダ

*Dicranopteris linearis*

小羊歯、ウラジロ科コシダ属。本州東北以南、日本海側は新潟県以西、四国、九州、沖縄と台湾、中国、マレーシアに分布。日当たりの良いやや乾いた林床に生える常緑のシダ。葉柄は20〜100センチ、先端に長楕円(だえん)形、羽状の小葉を２枚つけ、２分岐してさらにそれぞれ２枚の小葉をつける。裏は白色。よく繁殖して群生するが、鉢作りは定着するまでがやや難しい。

チャセンシダ科 

## チャセンシダ

*Asplenium trichomanes*

茶筌羊歯、チャセンシダ科チャセンシダ属。北海道から九州までの、日当たりのいい石垣や崖に、まれに生える常緑のシダ。葉は黄緑色で根茎からたくさんそろって出る葉柄は、黒褐色で艶があり、古く残るため、束生した葉柄を茶の湯に使う茶せんに見立てた名という。葉柄の両脇に薄紙質の翼があり、葉柄の下側にも翼がある物はイヌチャセンシダで、判別がつきにくい。

イワデンダ科   

## イワデンダ

*Woodsia polystichoides*

岩連朶、イワデンダ科イワデンダ属。北海道、本州、四国、九州と朝鮮半島、中国、台湾、ロシアに分布。やや涼しく、明るい深山や山地の岩上に生えて落葉性。冬は枯れて休眠するが、春、根茎から葉が多数束生して立ち上がり20～40センチ、幅５～10センチ、単羽状で表裏に毛があり白っぽく緑色。羽片は中脈から直角に出て、基部に耳状の突起がある。集まって群生することが多い。

オシダ科 

## アマミデンダ

*Polystichum obae*

奄美連朶、オシダ科イノデ属。奄美大島の固有種で常緑のシダ。渓流沿いの湿った岩上に生えるが、一部土砂の流入や、伐採による木陰の消失で少なくなっている。環境省レッドデータブックの絶滅危惧種Ａ類で、国内希少野生動植物に指定され、許可を受けないと売れないばかりか、譲ることもできず、罰則がある。丈夫でよく増えるため、趣味家はやり場に困ることもある。

オシダ科   

## ジュウモンジシダ

*Polystichum tripteron*

十文字羊歯、オシダ科イノデ属。北海道、本州、四国、九州の山林、谷川沿いの湿った林下に生える落葉性シダだが、暖かい地方では常緑になる。一見、十文字に見えるためこの名があるが、別名ミツデカグマは葉が３枚に分かれることから。学名のトリプテロンも「三つの翼」を意味する。また別名シュモク（撞木）シダは、半鐘など小型の鐘をたたく棒に見立てたという。

シノブ科   

春 夏 秋

# シノブ

*Davallia mariesii*

忍、シノブ科シノブ属。各地の山中の岩上や、大木の幹などに着生する落葉性のシダ。南西諸島の物は常緑でトキワシノブと呼ぶ。根茎が太く、毛のような鱗片（りんぺん）を密生し、所々に細根を出して長く伸びる。根茎を丸めて「しのぶ玉」を作り、「つりしのぶ」として夏に観賞するのは、江戸時代からの風習である。土がなくとも育つため「耐え忍ぶ」から名が付いたといわれている。

## 羊歯

シダ

シダと一口に言っても自生は世界に10000種程、日本に700種とも800種とも言われ、高山から低山、平地から水中まで非常に幅が広い。慣れないと皆んな同じように見えるが、背丈は数センチから数メートルまで、色の変化もあり中には葉に模様が入るものまである。隠花植物と言われ、花がなく胞子が作った前葉体が蔵卵器と蔵精器を持って受精し繁殖する。専門家集団「日本シダの会」もあり、山野草愛好家の中にも栽培する人が多い。

ウラボシ科 

## ヤリノホクリハラン

*Leptochilus wrightii*

槍の穂栗葉蘭、ウラボシ科イワヒトデ属。九州南部から琉球列島と台湾、中国南部、インドシナに分布。渓流に沿った林床に多く、まれに岩や樹上に着生する。根茎は細く地をはい、まばらに葉が立ち上がる。栄養葉は10〜25センチ、幅２〜３センチ、基部は細く翼状で次第に広くなる。深緑色でつやがあり縁がやや波打つ。胞子葉は少し細く長く脈が目立つ。名は槍の穂に似た栗葉蘭の意。

ウラボシ科 

## ヤノネシダ

*Neocheiropteris buergeriana*

矢の根羊歯、ウラボシ科クリハラン属。関東南部以西の暖地に自生する常緑多年生のシダ。谷筋の岩や落葉樹に着生する。褐色で針金状の根茎が長く伸びる。葉は根茎からまばらに出て小形で黄緑色から白緑色。矛形の長三角形から上部の物は細い線形。名は､葉の形が｢矢の根｣すなわち矢尻に似ているため。空中湿度を好み直射日光を避けヘゴ板などに付けて作る。

ウラボシ科 

## ヒトツバ

*Pyrrosia lingua*

一つ葉、ウラボシ科ヒトツバ属。関東から福井県以西、四国、九州、沖縄と台湾、朝鮮半島南部、中国、インドシナに分布。硬い針金状の根茎を長く伸ばし、所々から単葉を出して乾いた岩の上や樹上に着生する。葉は厚くて硬く裏は褐色の毛に覆われる。長さ20～40センチ、幅２～６センチ。シシヒトツバ、ハゴロモヒトツバなど葉の変化した物などが好んで作られている。

ウラボシ科 

## ビロードシダ

*Pyrrosia linearifolia*

天鵞絨羊歯、ウラボシ科ヒトツバ属。日本全土に分布。石灰岩地帯や古生層域に多い。岩上やまれに樹上に着生する常緑のシダ。褐色で硬い針金状の細長い根茎が横にはい、所々で根を出す。葉はまばらに根茎から出て長さ６～10センチ、細いヘラ状で厚い肉質。単葉、円頭、光沢のない緑色の紙質で全面に褐色から茶褐色の星状毛が密につく。空中湿度を好む。

ウェルウィッチア科 

# キソウテンガイ

*Welwitschia mirabilis*

奇想天外、ウェルウィッチア科ウェルウィッチア属。南西アフリカ、ナミブ砂漠の一地域特産で１科１属１種。根は乾燥した砂漠の表層を10メートルも突き抜け、石灰岩の岩盤まで届く。雌雄異株で樹齢千年を超えるという。２枚の強い繊維質の葉が永久に、長く幅広く伸び続け、古い葉先がボロボロになって悪魔のように強風に翻る。学名のウェルウィッチアは、初めて世界に紹介したオーストラリアの探検家の名から、ミラビリスはラテン語の「驚異」の意。日本での栽培は1936年岡山の園芸商・石田兼六氏が13粒の種子を輸入したのが始まりで奇想天外の名はそれに伴い石田英夫氏によってつけられたとされる。

## 奇想天外

キソウテンガイ

サボテン・多肉植物の収集家で研究家の龍胆寺雄は、「裸子植物と被子植物の中間、とりもなおさず下等植物と高等植物の中間という特殊な位置にいる。地上のあらゆる植物の中で最も珍奇なものは何かという時、一言で[奇想天外]と答えられる」と書いている。この植物の発見は大変衝撃的で世界の植物学者を驚かし、「植物学的に最も驚異的な発見」と言われ、分類学上どの位置にあるか多くの学者が意見を述べている。学名ウェルウィッチアは発見者でなく、最初にキュー王立植物園へ標本・種子を送って発表した人の名により、ミラビリスはラテン語の「驚異の」の意であるが、論争の上決着したのは1975年であった。ちなみに日本は1936年、岡山の園芸業者が13粒の種子を輸入したのが始まりで、その後多くの人が種子を輸入し栽培している。ちなみに近くは京都植物園、大阪の咲くやこの花館でも見られる。

マツバラン科 

## マツバラン

*Psilotum nudum*

松葉蘭、マツバラン科マツバラン属。関東以西の主として太平洋側、四国、九州、沖縄、中国、台湾、フィリピンに分布。根も葉もない最も古い形をとどめるシダ。常緑で山地の樹幹や岩の間に生え、草丈10〜40センチ。茎の上部から分岐を繰り返してほうき状になる。側面に粒状の胞子嚢(のう)をつけ、熟すと黄色から褐色になる。江戸時代から愛培され古典園芸として有名。

スイレン科 

## コウホネ

*Nuphar japonica*

河骨、スイレン科コウホネ属。北海道、本州、四国、九州、朝鮮半島の浅い池や沼に生える水草。根茎は白く肥大して白骨に見える。水中の葉は細長く、水上の葉は長卵形。長さ20〜30センチ、深緑色で裏は黄緑色、水から抜き出る。６〜９月、長く直立した花茎の先に黄色の１花を上向きにつける。花径５センチ内外、ガクは５枚で花弁状、花弁は多数あり長方形で小さく外側に曲がる。

スイレン科 

## ヒツジグサ

*Nymphaea tetragona var.angusta*

未草、スイレン科スイレン属。北海道、本州、四国、九州、東アジア、欧州、インドなどの池や沼に生える水草。広楕円形、径10～12センチの葉が水面に浮かび、光沢があり基部が深く裂け、裏は暗紫色。７～８月、細長い花柄を出し、清楚な白い１花をつける。ガク４枚、花弁８～15枚で径５センチ。未の刻（午後２時）に開くとの名だが、そうとも限らない。夜は閉じる。

ウマノスズクサ科  

## アリマウマノスズクサ

*Aristolochia shimadae*

有馬馬の鈴草、ウマノスズクサ科ウマノスズクサ属。つる性落葉半低木。葉に特徴があり、ほこ形で途中くびれて細くなる。花こう岩の六甲山に多く、山麓から頂上まで、林縁ややぶの中によく見られる。名も有馬温泉に関わって、牧野富太郎博士により付けられた。管楽器ホルンに似た特異な形の花が、５～７月、咲き始めは黄色からすぐ紫褐色に変わる。毒草でジャコウアゲハの食草。

ウマノスズクサ科 

## フタバアオイ

*Asarum caulescens*

双葉葵、ウマノスズクサ科カンアオイ属。新潟、福島両県以南、四国、九州の山地に自生。中国甘粛省、四川省西部にも隔離分布するという。徳川家の「葵の御紋」は、この葉を3枚組み合わせたもの。茎は地上をはい多肉質、節間が伸びて枝分かれし基部から花柄を出す。花弁状に発達したガク片は赤紫色で下半分はわん形、先の三角状の裂片は反り返る。冬は落葉し花期は3～5月。

ウマノスズクサ科 

## オナガカンアオイ

*Asarum minamitanianum*

尾長寒葵、ウマノスズクサ科カンアオイ属。宮崎県のごく限られた地域に自生。葉は卵状盾形、10センチ幅6～9センチで表面には雲紋。花は3～5月、花弁はなく半球形で上部がくびれた黒紫色、先端を尾状に細く長く伸びたガクがつく。この属の仲間は地面に接して咲き、落ち葉をかき分けて観賞するものが多く、分布を広げる速度が遅いため、地域ごとに独特な分化をしている。

ウマノスズクサ科　春

## クロフネサイシン

*Asarum dimidiatum*

黒船細辛、ウマノスズクサ科カンアオイ属。紀伊半島西部、中国地方西部、四国、九州の湿度の高い林床や林縁に生える多年草。日本固有種で環境省準絶滅危惧種。葉は五角形に近いハート形でやや分厚く斑紋がない。葉柄は８～15センチ、冬は落葉する。３～５月、葉柄の基部に暗紫褐色の１花まれに２花をつけ、花弁はなく径２センチほどの３弁のガクは丸くわん形で先端が平開する。

ウマノスズクサ科

## サカワサイシン

*Asarum sakawanum var. sakawanum*

佐川細辛、ウマノスズクサ科カンアオイ属。牧野富太郎博士の故郷高知県佐川町で博士により発見され命名された。日本固有種で高知、徳島、愛媛各県に自生。ハート形の葉はやや分厚く、暗緑色で雲紋を持ち光沢がある。葉柄は６～12センチ。花弁はなく白色を帯びた淡紫色で径長ともに１センチのガク、下部は半球形で先端が２～３センチ伸び、先がとがって白から淡黄色の縁取りがある。

ウマノスズクサ科

# ホシザキカンアオイ

*Asarum sakawanum var. stellatum*

星咲寒葵、ウマノスズクサ科カンアオイ属。高知県南西部と宿毛市沖の島の常緑樹林下に生える。サカワサイシンの変種とされ、楕円形から広楕円形の葉は少し厚みがあって６～10センチ、表面には雲紋がある。花は４～５月、ガク筒上部がくびれ、先端が細く尾状で濃紫褐色。縁や先端には黄白色の縁取りがある。狭い範囲の自生で日本固有種。環境省絶滅危惧種ⅠＢ類。

## 寒葵
カンアオイ

ウマノスズクサ科は熱帯から温帯に5属500種あるとされ、日本には2属約64種が自生するとされる。ウマノスズクサ属はジャコウアゲハの食草で知られ、カンアオイ属はギフチョウの食草。漢方では咳、胸痛、発汗、鎮静に用いられる。古くは冬枯れのものをサイシン（細辛）、常緑のものをトコウ（杜衡）と呼んだ。古典園芸としても、葉の文様から雲紋、亀甲、一文字、無地等名付けて広く栽培されている。花が根際に咲き種子はほんの株元に散らばるのみで、自生地を1キロ広げるのに1万年かかるとか。各地方で独特な進化をしている。

ウマノスズクサ科　春

## ミヤコアオイ

*Asarum asperum var. asperum*

都葵、ウマノスズクサ科カンアオイ属。京都で発見されたための名で、近畿地方、四国及び九州の一部の林床や林縁に自生し常緑。葉はハート形で先がとがり４～８センチ、表面にさまざまな模様の雲紋がある。花弁はなく３～４月、下部は半球形で径１センチ、著しくくびれたガクがつく。上部の３枚のガク片は径２センチほど、淡紅紫色から紫褐色で黄白色の縁取りがあり、株元で土に横たわる。

ウマノスズクサ科 

## セイガンサイシン

*Asarum caudatum*

西岸細辛、ウマノスズクサ科カンアオイ属。北米西海岸に沿った山地に分布。ハート形の葉はやや分厚く常緑。地に伏した茎の先から出た対生の葉の間から花柄を出し、4～6月、赤紅色の花をつける。花弁はなく、3枚のガクの先が、小種学名「尾状の」にあるように4～5センチ細く伸びる。ネーティブインディアンは薬草に利用した。葉を傷つけると、甘いジンジャーの香りがし、痛み止めや消化不良に効果があるとされる。

ウマノスズクサ科 

# アリストロキア・ギガンティア

*Aristolochia gigantea*

ウマノスズクサ科ウマノスズクサ属。ブラジル、アルゼンチン、パラグアイ原産のつる植物。大形で数メートルになり、花も直径20～30センチ。ラッパ状に見えるのはガク。基部は筒状でくびれ、特異な形で花粉を運ぶ虫を閉じ込める。花期は７～８月。異臭がする毒草。この属名は、ariston（最良の）とlochias（出産）で安産に効用があると信じられたため。少し寒さに弱く冬は要保護。

ウマノスズクサ科  

# サルマ・ヘンリー

*Saruma henryi*

ウマノスズクサ科サルマ属。葉柄が長いため別名高脚細辛（たかあしさいしん）。中国中南部の林床や土手に生え、冬は休眠する。１属１種でこの科のうち唯一花弁を持ち、最も原始的な植物と言われる。ギフチョウの飼育に使われる葉は丈幅とも７～12センチ、ハート形で対生し微毛がある。草丈50～90センチ。４～７月、先端から花茎を出して３弁の鮮やかな黄花をつける。花径２～４センチ。

センリョウ科 

## ヒトリシズカ

*Chloranthus quadrifolius*

一人静、センリョウ科チャラン属。日本全土と朝鮮半島、中国、サハリンまでの日当たりの良い林縁や林床に自生する多年草。直立した茎は10～30センチ、3～4の節を持つ。葉は楕円形8～10センチ、4枚が対生するが一見輪生に見える。鋭い鋸歯とつやがある。中心から3～4センチの花茎を1本立て、穂状に小花をつける。花弁はなく3ミリほどの白い糸状の雄しべが目立つ。

センリョウ科 

## フタリシズカ

*Chloranthus serratus*

二人静、センリョウ科チャラン属。沖縄を除く日本全土に分布。山野の林縁や林床に生え、やや日陰を好む。草丈30～60センチで4～5の節がある。先端につく葉は長楕円形あるいは卵状楕円形。長さ8～16センチ、鋸歯があって2組の対生葉が相接してつき、一見輪生に見える。4～6月、中心から1～3本の花茎を立て、花穂の先に白い米粒状の小花を多数つける。

サトイモ科 

## ウラシマソウ

*Arisaema thunbergii subsp. urashima*

浦島草、サトイモ科テンナンショウ属。本州、四国、九州の低山に生える。地下に球茎があり、30〜60センチの茎の先端に、棒状の付属体を持ち、小さな花を密につける。付属体の先端が糸状に長く伸びた姿を浦島太郎の釣り竿に見立て、名が付いた。根元から10〜15枚の小葉をつけた葉が1枚、まれに2枚持つ。この仲間は体力があると雄株から雌株に性転換する。

サトイモ科 

## ホロテンナンショウ

*Arisaema cucullatum*

幌天南星、サトイモ科テンナンショウ属。奈良、三重両県に生える。根元から7〜13枚の小葉を鳥足状に付けた葉を1枚、まれに2枚持つ。仲間のうちでは小さく、15〜30センチで、仏炎苞の口辺部が内側に曲がって、幌のようになることから名が付いた。仏炎苞は濃紫褐色で、白い条線が入り尾のように伸びる。美しく愛好者が多いが、流通も少なく、手に入りにくい。

サトイモ科　春

## ムサシアブミ

*Arisaema ringens*

武蔵鐙、サトイモ科テンナンショウ属。関東以西、四国、九州、琉球の比較的海岸近くに自生する。球茎から３枚の小葉を持った葉が２枚出る。ミズバショウと同じく、小さな花を密生させた棒状の花穂を包む仏炎苞（ほう）が、下方に強く巻き込んで、両端が横に張り出し、あぶみに似ていることから付いた名。秋には葉が枯れて、受精した雌花はトウモロコシ状に実をつける。

サトイモ科　

## ユキモチソウ

*Arisaema sikokianum*

雪餅草、サトイモ科テンナンショウ属。四国と紀伊半島の一部に自生。根元から鳥足状に３～５枚の小葉を持った葉が２枚。茎の先端にある付属体の頭が白色の球状になり、雪のようで柔らかいことから名が付いた。仏炎苞（ほう）はほぼ真っすぐ立ち上がり、雄株は花粉を付けた昆虫が逃げられるように筒の下部が空いているが、雌株は空いておらず、受粉の効率を上げる。

サトイモ科 

# ミズバショウ

*Lysichiton camtschatcense*

水芭蕉、サトイモ科ミズバショウ属。養父市大屋町の湿原が西南限とされ北海道、サハリン、カムチャツカ、ウスリーまで広く分布する多年草。早春に地下の大きな根茎から花茎を立て、20センチほどの白い仏炎苞の中に棒状の花軸をつけ、淡緑色の小花を密につける。花後、葉が大きなものは1メートルにもなり、長楕円形、先がとがる。芭蕉の葉に似ることからの名。

## 水芭蕉

ミズバショウ

花の時期は清楚で可憐なのだが、ひと時を経て夏の姿は巻き損ねたキャベツの一抱えもある大きな無地の葉っぱである。これはこれで群生は見事なのだが、我が兵庫県但馬の日本西南限地の水芭蕉は葉に斑が入っている。斑入りの水芭蕉は各地に点々とあるとの記録もあるのだがあまり知られていない。またあまり注目されていないようだ。かってまだ高速道路が整備されていない時、北アルプスからの帰路時々越えたあの泉鏡花の小説「高野聖」で有名な天生峠の水芭蕉が全てこの斑入りだったのを記憶している。珍しい但馬の水芭蕉の為にももっと広く知ってほしい。

サトイモ科　春

## ザゼンソウ

*Symplocarpus renifolius*

座禅草、サトイモ科ザゼンソウ属。本州中国地方以北、北海道、極東ロシア、朝鮮半島、中国北東部に分布する多年草。山地や谷間の湿地に自生。兵庫県香美町ハチ北では天然記念物に指定。葉には網目状の葉脈がある。2～4月、紫黒色の仏炎苞（ぶつえんほう）を出し、内に球形の肉穂を立て多くの小花を密につける。悪臭があり仏炎苞の中は外気温よりセ氏10度ほど高いという。

サトイモ科  

## モモイロテンナンショウ

*Arisaema candidissimum*

桃色天南星、サトイモ科テンナンショウ属。漢名極白南星、白苞南星。中国雲南省西部、四川省西部、チベットの2400～3000メートルに自生。高さ30～60センチ、花期は6～8月。微香があり冬は枯れて休眠する。仏像の背にある炎状の光背に見立てた仏炎苞（ぶつえんほう）の色は白からピンクで変異が多く、英国で栽培してピンクを固定した。同属中一番美しいと人気が高い。

シュロソウ科

## シライトソウ

*Chionographis japonica*

白糸草、シュロソウ科シライトソウ属。本州秋田県以南、四国、九州、朝鮮半島南部の山地の林床、林縁に自生。半日陰、木漏れ日程度を好む。根生葉は３～13センチでさじ形、縁が縮れた波状になり先はとがる。４～７月、15～50センチの花茎を立て、穂状に白い小花を下向きに多数つける。６弁花だが２枚は目立たず、４枚は糸状、放射状で１センチ内外。白い糸状の花弁から付いた名。

シュロソウ科

## ショウジョウバカマ

*Helonias orientalis*

猩猩袴、シュロソウ科ショウジョウバカマ属。北海道、本州、四国、九州、沖縄から朝鮮半島に自生。田のあぜから亜高山まで、広く自生する。常緑で地際から幅１センチ前後、長さ10センチ前後の葉を四方に広げ、３～５月、高山では雪解け後の６～７月、中心から5～15センチの花茎を出し、先端に花弁の細い花を数輪つける。変化が多く、花も紫、紫紅色、白と多様な色を見せる。

シュロソウ科  

# キヌガサソウ

*Kinugasa japonica*

衣笠草、シュロソウ科キヌガサソウ属。加賀の白山から北の日本海側、亜高山の湿った地に生える多年草。茎は1本で直立、高さ30〜80センチ、先端に長さ20〜30センチ、幅3〜8センチの葉が8〜10枚輪生する。6〜8月、中心に径6〜7センチ、花弁7〜10枚の白い花をつける。花は後に淡紅色から淡緑色に変わる。鉢で作ると小さくなって花が咲かず、路地では大き過ぎて作りにくい。

シュロソウ科  

# ツクバネソウ

*Paris tetraphylla*

衝羽根草、シュロソウ科ツクバネソウ属。北海道、本州、四国、九州の樹林下や林縁に自生。地下茎が横にはい、先端から緑色の茎を1本出して直立する。茎の先端に4枚の葉を輪生し、長さ4〜10センチ。5〜6月、中心から花茎を伸ばし、淡黄緑色の花を1花、上向きにつける。花後は球形の実を結び、熟して紫黒色になる。形が正月の羽子板の羽根に似ていることから付いた名。

シュロソウ科

## エンレイソウ

*Trillium apetalon*

延齢草、別名ヤマミツバ、タチアオイ、シュロソウ科エンレイソウ属。日本全国の山地に自生する多年草。花期は４～５月、葉柄がなくひし形で、３枚のフキに似た葉が輪生し、真ん中に褐緑色の花をつける。学名のトリリウムはラテン語の３からで、葉も花も全て３が基準。毒草だが催吐作用があり、食中毒などに根を煎じて飲ませ命拾いしたため、延齢草と呼ばれたとの説がある。

# 延齢草

エンレイソウ

不老長寿を思わせる縁起の良い名で、エンレイソウの実は紫黒色に完熟すると美味で、酒にもなるらしい。日本には基本種がミヤマエンレイソウ・オオバナノエンレイソウ・エンレイソウの3種だがヒマラヤから東南アジア及び北米に約40種ほど自生している。ミヤマエンレイソウは別名シロバナエンレイソウとも呼ばれオオバナのエンレイソウも白花だが、外国のものは白からピンク、黄色、紫紅色等多彩。北海道大学の寮歌に「真白の花影さゆらぎて・・・」とあるのはオオバナノエンレイソウの花のことで、また染色体の基本が5個と少なく、細胞学の面で研究材料に用いられるらしい。

ユリ科 

# カタクリ

***Erythronium japonicum***

片栗、ユリ科カタクリ属。「もののふの八十（やそ）乙女らがくみまがふ寺井の上の堅香子（かたかご）の花」大伴家持。有名な万葉歌。今でもカタコ、カタゴと呼ぶ所があり、古くから親しまれ、愛されていたのが分かる。日本全土、サハリン、南千島、朝鮮に自生し、明るい雑木林の林床に群生、葉に油点があり、6弁の花びらは反転する。地下に小指ほどの球根があり、昔はこれを掘ってかたくり粉を取った。

## 片栗
カタクリ

温帯の落葉広葉樹林の林床に生える春の妖精（Spring ephemeral）の代表的な植物。春早く芽を出し花期は3～5月。木々が葉を茂らせ林床が暗くなる6月には葉を落とし球根だけになって休眠する。片栗粉と言えば今はジャガイモの澱粉だが、本来は大きな物でも4センチほどで小指の太さにも満たないこの球根から採った。山菜として葉を抜くのも気がひけるが、自生地は大抵密生している。掘り取るのは重労働であろうが貴重な食料であっただろう。大きなものだけを採り後は平らにしておけば3～4年で元に戻る。それが雑草や笹の繁殖を防ぐ適法だったと思う。種子から育てると開花まで6～7年かかる。栽培にはブドウ糖など糖を施すと効果がある。

ユリ科 

## ウバユリ

*Cardiocrinum cordatum var. cordatum*

姥百合、ユリ科ウバユリ属。山野の林床に生える多年草。関東以西、四国、九州に自生。茎は太く中空、50～100センチ。葉は柄が長くハート形で脈が網状になる。上部に緑白色で長さ10センチの花を横向きに2～5個つける。付け根まで裂けた6弁で、先端がラッパ状に反り返る。花時に葉が枯れていることが多く子供が成長した頃には姥の歯はなくなっている例にかけた名。

ユリ科  

## ツバメオモト

*Clintonia udensis*

燕万年青、ユリ科ツバメオモト属。近畿以北、北海道、北東アジアに分布。亜高山の湿度の高い林床に自生。長楕円(だえん)形で多肉質の葉が、根本から2～5枚出る。5～7月、花茎を10～15センチ立て、平開する6弁の花を下向きにつける。花後、花茎が40～70センチまで伸びる。名は花の姿か、ツバメの飛ぶ時期からか。氷ノ山の尾根筋で一見エビネか、と見つけた記憶がある。

ユリ科

# クロユリ

*Fritillaria camschatcensis*

黒百合、ユリ科バイモ属。2種あって、本州中部地方以北の高山帯に自生するミヤマクロユリは、20〜25センチで花は通常1輪、やや黄色がかって種子が実るものの栽培は絶望的。もう一つは北海道以北、千島、サハリン、カムチャツカ、ウスリーから北米まで分布するエゾクロユリで、草丈50センチになり大形の3〜7花をつけ、種子がつかないが、園芸的によく流通している。

ユリ科

# アワコバイモ

*Fritillaria muraiana*

阿波小貝母、ユリ科バイモ属。四国のやや標高の高い、落葉広葉樹林の林床に生える。花は広釣り鐘形で角張って見え、仲間の中で似た物があるが、赤茶色で肩が張り、花びらの間に隙間が空いて、雄しべの先のヤクが赤紫で区別できる。何げなく山を歩いていると見逃すが、一つ見つけると後は点々と咲いているのが見えてくる。仲間の中では少し作りにくい。

ユリ科 春

## イズモコバイモ

*Fritillaria ayakoana*

出雲小貝母、ユリ科バイモ属。出雲地方（島根県東部）特産で自生地が狭く、環境省のレッドデータブックで絶滅危惧種に指定されている。学名のアヤコアナは発見者の夫人の名にちなむ。花は鐘形だが、なで肩で少し外に開き白色。点々と自生地が見つかり、地権者の理解で保護されてもいる。一部で保護団体が、一株一株に標識を立てたりしていたが、今はどうなっているか。

ユリ科 

## カイコバイモ

*Fritillaria kaiensis*

甲斐小貝母、ユリ科バイモ属。山梨県、静岡県、東京都八王子市に自生。静岡県では特別に、罰則の付いた指定希少野性動植物として保護されている。開くと浅い杯を伏せたような花で、淡黄色に紫褐色の斑紋がある。仲間のうちでは一番丸く優しい。10～13センチほどの高さで小さく、ある自生地では、カタクリ観察の人が知らずに踏みつけるため、今はロープで囲われている。

ユリ科　春

## コシノコバイモ

*Fritillaria koidzumiana*

　越の小貝母、ユリ科バイモ属。北陸地方を中心に福島、新潟、静岡、岐阜の各県に広く自生。地下の径1センチほどの鱗茎(りんけい)から茎を立て葉は5枚、釣り鐘形の花をつける。花径15～20ミリ、緑色を帯び6弁の花弁に毛様突起があり、肩の部分や内外に濃い斑点がある。3月末、残雪のすぐ下で、ひたひたと流れる雪解け水の中に点々と咲いているこの花を見て感激した。

ユリ科 

## ホソバナコバイモ

*Fritillaria amabilis*

　細花小貝母、ユリ科バイモ属。コバイモは日本特産で基本9種がある。この種は兵庫県西部から九州北部の山麓、草原、畑のあぜまで自生。地下に鱗茎(りんけい)を持ち、花は細長い釣り鐘形。背丈10～25センチで雄しべの先にあるヤクは白からクリーム色、花は白、九州では花の先端が少し開くものが多い。岡山の石灰岩地帯を探して歩いたときに見た、鍾乳洞やドリーネを思い出す。

ユリ科 

## ミノコバイモ

*Fritillaria japonica*

美濃小貝母、ユリ科バイモ属。美濃地方（岐阜県南部）で初めて発見。福井、愛知、岐阜、三重、滋賀の各県と岡山県西部及び兵庫県西部に点在する。花は釣り鐘形だが、雄しべの先のヤクが白からクリーム色のため区別できる。葉はこの仲間に共通して、４～５センチの３枚が輪生し、すぐ下にやや大きい２枚が対生。鈴鹿山脈北部の藤原岳では、登山道で嫌でも目についたが、今は少なくなった。

ユリ科 

## キバナノアマナ

*Gagea lutea*

黄花の甘菜、ユリ科キバナノアマナ属。本州、北海道、朝鮮半島、サハリン、シベリアからヨーロッパまで広く自生するが、近畿以西はまれ。日当たりのいい草原や田畑の土手、林縁に生え、卵形の鱗茎（りんけい）から３～５月に花茎を立て、頂上に花びら６枚の黄花を５～10花まとまってつける。花びらは12～15ミリで花茎15～25センチ。葉は長さ15～30センチで厚みがある。

ユリ科 

## カノコユリ

*Lilium speciosum*

鹿の子百合、ユリ科ユリ属。九州西部、四国南部、台湾北部、中国南東部の主に崖から下垂する。産地として甑(こしき)島が有名。花弁に鮮紅色で鹿の子絞りの斑点がある。草丈100～150センチ、葉は15センチ内外、革質でつやがある。7～8月、先端にまばらに枝を出して漏斗状白色、内側に薄いピンクの花をつける。観賞用に栽培され、かつては中国やアメリカに輸出された。

ユリ科 

## コオニユリ

*Lilium leichtlinii f. pseudotigrinum*

小鬼百合、ユリ科ユリ属。北海道南部から奄美大島まで全土に、中国東北部、朝鮮半島、シベリア、沿海州まで分布。山地の草地、渓谷の崖や海岸の岩場に生える。草丈100～150センチ。黄赤色で紫黒色の小点のある花を2～10花つける。一見、中国渡来のオニユリと混乱するが、やや小さく見え、地下茎で増殖、葉腋(ようえき)にムカゴがつかない点などで見分ける。

ユリ科 

# スカシユリ

*Lilium maculatum*

透百合、ユリ科ユリ属。日本海側は新潟県以北、太平洋側は紀伊半島以北に自生し、前者をイワユリ、後者をイワトユリと区別することもある。花期は６～８月だが、前者が１カ月ほど早い。海岸や山地の岩場や崖に生える球根植物、頂点に黄赤色の美しい花を上向きに１～３輪つける。草丈10～60センチ。葉は細く質は厚く光沢がある。花弁の間が透けて見えるために付いた名。

## 深山透し百合

ミヤマスカシユリ

通常海岸に普通に見られるスカシユリの変種として埼玉県秩父の武甲山でミヤマスカシユリと名付けられたのは昭和17年。武甲山にのみに産すると強調されたこともあり、昭和40年、茨城県北部の袋田の滝の岸壁で発見されユリの専門学者を驚かした。埼玉・茨城・岩手各県の限定された地域に自生する貴重な植物。----昔、常陸の国に世にも稀な美しい娘が住んでいて、逞しい若者に愛を求められ、戯れに東の方に住むワニを倒したら身を捧げる、と約束した。若者はワニと対決しついにワニを投げ飛ばしたが、自分もワニの爪にかかって娘を恋しながら死んでいった。ワニを投げて出来た窪地を鰐が淵と言う。これを見て娘は後悔のあまり自らの乳房を突いてあとを追った。その鮮血が若者の屍にかかるとみるみる大きくなり山に変わった。山は後に男体山と呼ばれるようになった。また娘の血潮の滴り落ちたところからミヤマスカシユリが咲き出した。だから今でも逞しく切り立った男体山の胸肌にぴったり寄り添って咲き、男体山を慰めている。したがって女体山は現れず男体山だけが存在する----こんな伝説が書籍「茨城の花」に載っている。

ユリ科 

## ササユリ

*Lilium japonicum*

笹百合、ユリ科ユリ属。本州中部以西、四国、九州の明るい雑木林の林床や草地に自生する球根植物。日本固有種。互生する葉が笹の葉に似ており笹原に生えることによる名。草丈50～100センチで先端に淡紅色の花を２～６輪つける。花径10～15センチ、漏斗状鐘形、先端が反る。花期５～８月。奈良のゆりまつり（三枝祭（さいくさの））は三輪山のこの花が酒だるに生けられる。

ユリ科 

## ヒメサユリ

*Lilium rubellum*

姫小百合、ユリ科ユリ属。姫早百合、乙女百合の別名もある。球根植物で日本固有種。宮城、新潟、福島、山形各県の主に豪雪地帯の山地に自生。茎は直立し無毛で30～50センチ。先端に漏斗状鐘形、径５～７センチの花を１～２輪横向きにつける。淡いピンクで斑点がない。ササユリに似て少し小さいために付いた名で、甘い芳香がある。観賞用に栽培され、切り花として市場に出る。

ユリ科 

## ヒメユリ

*Lilium concolor var. partheneion*

姫百合、ユリ科ユリ属。本州東北地方から四国、九州、朝鮮半島北部、中国東北部、アムール地方まで分布し、山地の林縁や草原に生える球根植物。茎は直立し緑色で無毛、30～50センチ。5センチ内外の細い葉が互生する。6～7月、茎の先端に花茎5センチの花を2～3輪上向きにつける。6弁で緋(ひ)赤花。自生地での密度は低く数が少ないが、鮮やかな赤が遠くからでもよく目立つ。

ユリ科 

## ヤマユリ

*Lilium auratum*

山百合、ユリ科ユリ属。本州東日本を中心に自生し、金剛山、紀伊半島北部が分布の西限。山地の林縁や草地に生える球根植物。草丈100～150センチと大きく、花も径15～20センチで多いものは10輪もつけ、重みで傾くほど。6～8月、白色で黄色の筋があり、紅色の斑点を持つ花は甘く濃厚な香りを放つ。大正時代までヨーロッパに輸出され、交配の親にも使われた。球根は食料になる。

ユリ科 

## ホトトギス

*Tricyrtis hirta*

杜鵑草、ユリ科ホトトギス属。北海道、本州、四国、九州に自生。分枝せずしなやかに垂れ下がることが多く30〜80センチ。樹林下の湿度の高い斜面や崖に生え、8〜10月、茎の中間部から先の葉腋（ようえき）に、漏斗状6弁で径2〜3センチ、濃紫色の斑点がある花を上向きに1〜2輪つける。この仲間はアジア特産で中国、台湾、朝鮮半島、日本に計約20種、うち国内に12種あるとされる。

### 杜鵑
ホトトギス

植物の名に鳥に因んだものが数多くあり、サギソウ・トキソウ・ハクサンチドリ等ランの仲間に多いが、それ以外にもホトトギスを含めスズメノテッポウ・カラスウリ・キジムシロ・ツバメオモト・サギゴケ・ヒヨドリバナ…。ホトトギスは最近台湾、中国産等外国産や国産を問わず交配園芸種が花屋の店先を賑わせている。黄花のものは自生地が狭く数も少ないが、ヤマホトトギスかヤマジノホトトギスの白い花はほんの身の回りに生えていて、春先に野山を散策するとやや日陰に油点のある葉が見つかる。

ユリ科　秋

## キバナノツキヌキホトトギス

*Tricyrtis perfoliata*

黄花突抜杜鵑草、ユリ科ホトトギス属。宮崎県尾鈴山特産。滝の脇や渓流の岸壁などに垂れ下がる。長さ７～15センチの葉は、卵形長楕円形で先端はとがる。名の通り、茎が葉を貫く。９～10月、50～70センチの茎の中ほどから先に、径４センチほどの黄花を上向きに１～２花つけ、花弁は長楕円形で６弁、紫色の斑点がある。個体数が減り自生は簡単に見られない。絶滅危惧種ⅠＢ。

ユリ科　秋

## ジョウロウホトトギス

*Tricyrtis macrantha*

上臈杜鵑草、ユリ科ホトトギス属。上品でたおやかな花を、宮中の貴婦人上臈に例えた名。高知県に自生しトサジョウロウの別名があるが、宮崎県でも見つかっている。渓谷や急な崖に下垂し40～100センチ。葉は茎の左右に互生し、卵形長楕円形で先はとがる。8～10月、上部の葉腋に明るい黄色で内側に赤紫褐色の斑点がある筒状鐘形の花をつける。

ユリ科　秋

## キイジョウロウホトトギス

*Tricyrtis macranthopsis*

　紀伊上臈杜鵑草、ユリ科ホトトギス属。紀伊半島の一部に自生。滝のそばや水が滴るような岩壁に垂れ下がり40〜80センチ。葉は茎に沿って２列に互生、卵状長楕円形で先がとがり少し光沢がある。８〜10月、茎の先半分ほどの葉腋ごとに花柄を出して、下垂して下向きに花をつける。筒状鐘形で正開せず鮮黄色、内側に紫褐色の斑紋があり、基部に袋状の突起がある。

ユリ科 

## ヤマホトトギス

*Tricyrtis macropoda*

　山杜鵑草、ユリ科ホトトギス属。本州、四国、九州、朝鮮半島の山地の林下に自生。茎は直立し30〜70センチ、葉は卵形長楕円形。上部の葉腋から花柄を出し、上向きに径２センチ、白色で濃紫色の斑点のある花をつける。花弁は６弁で中央から下に深く反り返る。ホトトギスの名は、花の濃紫色の斑点を、胸に斑点がある同名の鳥になぞらえた。花期は７〜10月。

ユリ科 

## ヤマジノホトトギス

*Tricyrtis affinis*

山路杜鵑草、ユリ科ホトトギス属。北海道、本州、四国、九州の山地の林床に自生。葉は互生し両面に毛があり、若葉には斑点がある。茎は直立し節ごとに少し曲がり分枝せず30～60センチ。頂点と上部の葉腋(ようえき)につく花は平開し、白色で斑点があり6弁。3片の基部は袋状に膨れる。花期は7～10月。大阪府、兵庫、岡山、山口各県の瀬戸内にはよく似たセトウチホトトギスがあり、全体にやや毛深く、花糸に斑点が、また、花の内側に黄色の斑点があることで見分ける。

ユリ科 

## アマナ

*Amana edulis*

甘菜、ユリ科アマナ属。関東以西、四国、九州、朝鮮半島、中国に自生。絶滅危惧Ⅱ類に指定されている。かつてはチューリップの仲間に分類されていた。食用になり球根（鱗茎(りんけい)）が甘いことからの名前で、その形からムギクワイの名もある。民家近く、畑の土手や野原にも生え、花茎の頂点に１花をつけ、日が当たると開花。初夏には葉を落とし休眠する。

ユリ科 

## アミガサユリ

*Fritillaria thunbergii*

編笠百合、ユリ科バイモ属。仲間は北半球の温帯域に100〜130種ほどある。江戸時代に薬用として中国から導入されたが、今では広く栽培されている。別名バイモ（貝母）。茎は立ち上がり50センチほどで、全体が淡い青緑色。細い葉が３〜４枚輪生して反り返る。花は釣り鐘形で径２〜３センチ、淡黄緑色でうつむいて咲く。内面は紫紅色の編み目模様が入り、編み笠に似ることからこの名がある。

ユリ科 

## ホウコウユリ

*Lilium duchartrei*

宝興百合、ユリ科ユリ属。中国の四川、雲南、甘粛各省およびチベットに分布。標高2000〜3800メートルの日当たりの良い草地や林縁に生える高山植物。草丈50〜100センチ、７〜８月、茎の先端に白地に紅紫色の斑点を散らした花を１から複数つける。甘い芳香があり、端正な姿を好まれて結婚式などめでたい場所に飾られるほか、切り花として市場に出る。また球根は食用に供せられる。

ユリ科

## タカサゴユリ

*Lilium formosanum*

高砂百合、ユリ科ユリ属。台湾固有種で海岸から高山帯まで、日当たりの良い草地に自生する球根植物。大正期、観賞用に導入された。丈夫で荒れ地にも生え、大量の種子を風散布するため、今では東北地方の海岸沿い以南、琉球列島まで全土に野生化、高速道路ののり面によく見られる。テッポウユリに似ているが、少し大柄で葉が細く花の時期は7～9月でやや、遅い。

イヌサフラン科

## チゴユリ

*Disporum smilacinum*

稚児百合、イヌサフラン科（旧ユリ科）チゴユリ属。九州以北と千島、朝鮮半島、サハリン（樺太）に自生。4～5月、10～30センチの茎頂に、1センチほどの白い6弁花をうつむき加減につけ、まれに枝分かれして複数になる。実は、赤から黒く熟す。小さくかれんなことから「稚児」の名で、花言葉は「恥ずかしがり屋」「純潔」。人気があり、斑入りなど園芸種も多く流通する。

イヌサフラン科 

# キバナチゴユリ

*Disporum lutescens*

黄花稚児百合、イヌサフラン科チゴユリ属。この仲間は東アジア、インド、ヒマラヤに20種ほどが広く自生し、日本には４種ある。同種は和歌山県と四国、九州の低山帯、山林の林床に自生し、チゴユリより少し大きく15～50センチ、花は薄い黄色、丈夫で作りやすい。地下茎の先端に新しい芽ができて、親は枯れて消えてしまう、一種の無性繁殖で、擬似一年草という。

イヌサフラン科 

# ホウチャクソウ

*Disporum sessile*

宝鐸草、イヌサフラン科チゴユリ属。南千島、サハリン南部、ウツリョウ島、サイシュウ島等および、北海道から九州までの雑木林や野原に生えるが、強健で道端でも見られる。草丈30～60センチで、白い花を１～３個下向きに下げる。花びら６枚、細長く平開せず先端は緑色。寺院や五重塔の軒先に下がる鈴に似た宝鐸に例えた名。朝鮮半島に黄花のものがある。花期は４～６月。

イヌサフラン科 

## ウブラリア・グランディフローラ

*Uvularia grandiflora*

イヌサフラン科ウブラリア属。チゴユリ属の近縁種で北米東部の落葉樹林帯に自生する多年草。レモン色で４センチほどの細長くねじれた花弁を下向きにつけ、花茎15～60センチになる。葉は黄緑色を帯び、長楕円形から卵形で、基部では茎が葉を貫くためツキヌキウブラリアの別名も。冬は枯れて休眠する。水切れしないよう少し湿気のある日陰で作ると、丈夫でよく増える。

ラン科 

## イワチドリ

*Amitostigma keiskei*

岩千鳥、ラン科ヒナラン属。本州中部以西、四国に自生。特に紀伊半島、四国に多い。日当たり良く、増水時には冠水しそうな、川沿いの草地や岩の割れ目、岸壁の棚やくぼみに生える。４～５月、球根から花茎を立て、紫紅色の２～５花をつける。長楕円形の１枚葉で花茎に小苞葉がつく。群生し、よく増える。

ラン科 

## ヒナラン

*Amitostigma gracile*

雛蘭、ラン科ヒナラン属。茨城県、愛知県以西、四国、九州の山間部、川筋の崖などに多い。小豆から小指大の球根で、長楕円形の一枚葉。群生しないが種子が飛び、周りに生える。５～６月、細い花茎に桃紫色で、米粒大の花を10～20輪つける。花の咲かない株は茎が伸びず葉が２～３枚になる。秋までに球根が新旧交代する。

ラン科 

## エノモトチドリ

*Amitostigma 'Enomoto Chidori'*

榎本千鳥、ラン科ヒナラン属。イワチドリとコアニチドリの交雑種。山野草栽培の大先輩２人が関わる。昭和45年、東京都中野区の榎本一郎宅の作棚で開花、後に鈴木吉五郎が命名。岐阜県高山市荘川町で天然物が発見されたというが、よく分からない。育てやすくかれんで繁殖も良く、稔性があり第２世代以降の交配種も多い。

ラン科  

## マメヅタラン

*Bulbophyllum drymoglossum*

豆蔦蘭、ラン科マメヅタラン属。本州福島県以南、四国、九州、沖縄、朝鮮半島南部、中国、台湾に自生。常緑で、細く硬い糸状の茎が枝分かれしながら樹幹や岩上にはい、着生する。葉は２～３節ごとに互生し倒卵形、先は丸く革質で厚くシダのマメヅタに似る。５～６月、葉腋(ようえき)から糸状の短い花柄を出し、淡黄色で先のとがった５弁、径１センチほどの小花を横につける。

ラン科 

## エビネ

*Calanthe discolor*

海老根、ラン科エビネ属。「エビネ」は原種も園芸種も含めて仲間の総称で、通称ジエビネ、ヤブエビネと呼ばれる。北海道南西部から沖縄まで全土と、朝鮮半島、中国の江蘇省と貴州省に分布。花の色に変化が多く、黄褐色が主だが、アカエビネ、ダイダイエビネと呼ばれる物もある。４～５月、２～３枚の葉の中心から20～40センチの花茎を立て、径２～３センチの花を８～15個つける。

ラン科　春

# キエビネ

*Calanthe striata*

　黄海老根、ラン科エビネ属。静岡県以西の本州と四国、九州の林床に自生。学名カランセは「cal 美しい anthe 花」から。striata は「線条」で、この仲間の葉には縦に脈がある。常緑の多年草で、葉は2～3年残っているが、年を越すと垂れて地に伏す。名の通り黄色の花が艶やかに目立ち、花茎30～50センチ、花も径3～5センチとエビネより少し大きく、オオエビネの別名もある。

**海老根**
エビネ

　通常エビネと呼ばれているもので日本に自生するものは17種とされる。高山性や極希少で栽培に適さないものも多いが、園芸的に自然界ではありえない交配種が多く作られている。また主に南西諸島などに自生する種や、エビネ、キエビネ、キリシマエビネの間の自然交配種に興味深く特に美しいものが多い。伊豆新島や周辺のニオイエビネとエビネの交雑種を「コオズ」、エビネとキエビネを「タカネ」、エビネ・キエビネ・キリシマエビネ3種間のものを「サツマ」、エビネ・キリシマ「ヒゼン」、キエビネ・キリシマは「ヒゴ」。また南西諸島のツルラン・オナガエビネ・ヒロハノカランについても「リュウキュウエビネ」「ハクツル」「クロシマ」などと呼ばれているものが多い。残念ながら今は自生地ではほとんど見られない。

ラン科　夏

## ダルマエビネ

*Calanthe alismifolia*

達磨海老根、ラン科エビネ属。別名ヒロハノカラン。夏咲きのエビネで、九州南部から沖縄まで自生し、宮崎県が北限。照葉樹林の林床に生え、開発のための伐採と採取のため絶滅危惧種に指定されている。２裂する舌状の唇弁の先端に特徴があり、根元に山吹色の突起がある。白色で花期は５～７月、葉の間から20～40センチの花茎を立て、上部にまとまって下から咲き上がる。

ラン科　春

## トクノシマエビネ

*Calanthe tokunoshimensis*

徳之島海老根、ラン科エビネ属。南西諸島、徳之島に自生。絶滅危惧種。自生地はアマミノクロウサギがすみ、ハブの危険がある山地で常緑広葉樹林下。花径２～４センチで多くは花弁が褐色、唇弁は白色とエビネに近いが、唇弁がやや短く、反り咲きで葉が倒れないことで区別できる。早ければ２月中に花を開き始め、２カ月近くも咲き続ける。サロンパスかキノコの匂いがある。

ラン科 

## ナツエビネ

*Calanthe puberula var. reflexa*

夏海老根、ラン科エビネ属。「エビネ」の名は、根元に偽球茎と呼ばれる根株を持ち、年1個ずつ横に並ぶのをエビに見立てたもの。この種は卵形の偽球茎の葉腋（ようえき）から、6～8月、丈15～20センチ、1～2本の花茎を立て、淡紫色の花をまばらにつける。花径2センチ内外、唇弁は深く3裂、距はない。北海道、本州、四国、九州の、標高の高い林床に生え、暑さに弱く少し作りにくい。

ラン科 

## タカネ

*Calanthe discolor x C.striata*

たかね、ラン科エビネ属。エビネとキエビネの自然交雑種。キエビネが自生する和歌山、山口両県と四国、九州に自生する。高嶺（たかね）ではなく、飴（あめ）の古語タガネからとの説がある。エビネの花が持つ色が複雑なため、交雑種はさらに多彩になり、ブームの頃にはとんでもない高値がつく物も出た。人工交配やクローンで多産されたが、ウイルスのまん延などによりブームが去った。

ラン科 

## ホテイラン

***Calypso bulbosa* var. *speciosa***

布袋蘭、ラン科ホテイラン属。深山の針葉樹林下や林床に生える。本州中部の秩父山地、八ケ岳、南アルプスに分布。ラッキョウ形の根を持ち、葉は卵状楕円形で縁や表面にしわがあり、裏面は紫色を帯びる。５～６月、10センチほどの花茎を立て、径15～25ミリ、淡紅色の花をつけ、ガクと側花弁は上に反り返る。唇弁は袋状になり、これを布袋さんの腹に見立てて名が付いた。

ラン科 

## シュンラン

***Cymbidium goeringii***

春蘭、ラン科シュンラン属。別名ホクロ、ジジババ。北海道奥尻島から本州、四国、九州、朝鮮半島、中国まで、低山の山地や林縁に広く自生し、早春に３～５センチの１茎１花をつける。まれに香気の高い品種があり、通常、淡黄緑色の花だが、特異な花色や葉の斑入りもある。古くから古典園芸として観賞されており、専門に栽培され、驚くほど高価な物もある。

ラン科 

## マヤラン

*Cymbidium macrorhizon*

摩耶蘭、ラン科、シュンラン属。本州関東以西、四国、九州、琉球までと朝鮮半島、台湾、中国、ヒマラヤの林床に散発的に発生する無葉の菌従属栄養植物。地下茎が太く横走し、7～8月、10～30センチの花茎を立て、上部で分枝して2～5花をつける。径3～4センチ、端正な花で白色、やや紫色を帯びる。6弁で3弁はガク、舌状の唇弁は長く突き出て下へ反る。神戸摩耶山で最初に発見された。

ラン科  

## アツモリソウ

*Cypripedium macranthos var. speciosum*

敦盛草、ラン科アツモリソウ属。本州中部以北、北海道、南千島、サハリン、アジア東北部、ウクライナに広く分布。草原に点在する。長さ10センチ幅5センチほどの楕円(だえん)形から長楕円形の葉が数枚互生し草丈30～50センチ。5～7月、径4～6センチ、球形で桃紫色の花を1輪つけ、唇弁はゆがんだ袋状で濃紅紫色の斑点がある。野生ランの王と言われ、憧れの花だが、暖地での栽培は困難。

ラン科 

## クマガイソウ

*Cypripedium japonicum*

熊谷草、ラン科アツモリソウ属。北海道、本州、四国、九州、中国、朝鮮半島の丘陵地帯、竹林や杉の植林地などに生える。根は横にはい、扇形の大きな葉が２枚左右に開く。花は大輪で横向き、楕円形で細い花弁が５枚緑色を帯び、唇弁は丸く膨らんで先端が内側に巻き込む。戦いの防具母衣に見立て、源平合戦の勇者・熊谷直実にあやかった名。花期は４～５月。

ラン科  

## セッコク

*Dendrobium moniliforme*

石斛、中国名白石斛、ラン科セッコク属。洋ランで有名なデンドロビウムの仲間。東アジア、インド、オーストラリアまで広く分布し、日本では中部地方以西の、森林の古木や岩上に着生する。根際から20センチほどの茎を束生し、古い茎は葉を落とし、緑褐色で節が目立つ。夏、短い枝を出して径３センチほど、白から淡紫紅色の花を２花つける。葉や花の変化を収集する人が多い。

ラン科 春 夏

## カキラン

*Epipactis thunbergii*

柿蘭、ラン科カキラン属。日本全土、朝鮮半島、中国東北部、ウスリー、シベリアに自生。草丈30～70センチ、茎に５～８枚の葉がつき、上に行くほど小さくなる。花は房状に５～15、径２センチ、内側に紫色の斑点があるが、名の通り柿色。花の後も残るガクが目立つ。つぼみの状態を鈴に見立ててスズランの別名がある。神戸市北区の鈴蘭台はこれが多く生えていたからとの説がある。

ラン科 夏 秋

## ツチアケビ（実）

*Cyrtosia septentrionalis*

土木通または土通草、ラン科ツチアケビ属。光合成をやめて葉緑素を失った菌従属栄養植物。地下茎が横にはい、栄養は共生する菌に依存する。地中から６～７月に黄色の花茎を１メートル近くまで伸ばし、径２～３センチで黄褐色の花をつけるが、秋にはソーセージそっくりな実を多数ぶら下げる。やや甘味があるというが、タンニンが多く、苦味と異臭を伴う。強壮薬として薬用酒に使われる。

ラン科　夏

## カシノキラン

*Gastrochilus japonicus*

　樫の木蘭、ラン科カシノキラン属。本州、千葉県以西、四国、九州、琉球、韓国済州島の、常緑広葉樹林で木に着生。常緑で茎は分枝せず、革質で長さ３～７センチ、幅７～15ミリの葉が５～15枚互生して左右平行に並ぶ。７～８月、茎中ほどの葉腋（ようえき）から短い花茎を出す。径１センチ、紫紅色の斑点があり、淡黄色６弁で４ミリ、袋状の先に三角形で鋸歯（きょし）のある舌弁花を房状に５～10花つける。

ラン科 

## ベニシュスラン

*Goodyera biflora*

　紅繻子蘭、ラン科シュスラン属。北海道南部、本州、四国、九州、朝鮮半島、台湾、中国、ヒマラヤに分布。湿った林床に生える。地下茎が横にはい、地上茎は斜上し５～15センチ、葉を４～５枚互生。卵形の葉は長さ４センチ内外、肉厚で縁が波打ち時に赤みを帯びる。７～８月、茎の先端に赤みを帯びた淡褐色の花を通常２花つける。長さ３センチほどで細長く、２側弁は三日月形、唇弁は舌状。

ラン科 

## サギソウ

*Pecteilis radiata*

鷺草、ラン科サギソウ属。本州、四国、九州、朝鮮半島、中国に自生。日当たりの良い湿地に生える。草丈15～40センチの先端に、径約３センチの、シラサギが翼を広げたように見える白い花を１～３輪つける。花期７～８月。地中に小豆から大豆大の球根があり、花後根に似た地下茎が２～３本伸び、先端が肥大して球根になり、本体は秋に枯れる。うまく増やすのは山草栽培の初歩の課題。

**鷺草**
サギソウ

「愛を疑われ死を決した世田谷城主吉良頼康の側室常盤の、遺言を託した白鷺が当の頼康に射落とされ、真実を知って城に戻った時はすでに…。死んだ白鷺が一本の草になり、それが鷺草」

こんな伝説があるように東京世田谷にも昔はこの花がたくさん咲いていた。今でも区の花として愛好会があり栽培保存されている。姫路市も白鷺城にちなんで市の花として栽培、展示され、花の時期には配布されたりしている。

ラン科 

## フウラン

*Vanda falcata*

風蘭、別名富貴蘭。ラン科フウラン属。本州中部以西、四国、九州、沖縄、朝鮮半島、中国に分布。山中の古木や老木に着生する。葉は堅く多肉質で、長さ10センチ内外、葉の形により多くの園芸種がある。古典園芸として古くから栽培され、花は白色からまれに淡桃色で花びらは6枚。2枚は左右に下垂、下部の唇弁は前に突出して3裂、後ろに筒状の距がある。良い香りを持つ。

ラン科  

## ヨウラクラン

*Oberonia japonica*

瓔珞蘭、ラン科ヨウラクラン属。暖地性の小形ランで、東北地方から琉球列島、台湾、中国福建省までの、木の幹や岩上に着生し垂れ下がる。常緑で固まって群れになることが多い。鎌形の葉が2列に多数並び、茎の先に細長い花序を2～8センチ垂れる。ミカン色の花はごく小さく、1ミリほどで密生して多数つけ、花期は4～6月。目立たないが気品がある。瓔珞は仏像の首や胸に掛ける装身具。

ラン科 

## カモメラン

*Galearis cyclochila*

鴎蘭、ラン科カモメラン属。ウスリーから朝鮮半島、サハリンを経て北海道、本州の中国地方以北および紀伊半島、四国に自生。やや日陰を好み林床に群生する。広い楕円（だえん）形、中央がへこむ葉が1枚地際から出る。5～7月、角ばった茎の先に淡紅色の花を2花つける。花径1センチほど、唇弁が前に突き出し、紫色の小さな点がある。距は細く後ろに反る。暖地での栽培は困難。

ラン科 

## ハクサンチドリ

*Dactylorhiza aristata*

白山千鳥、ラン科ハクサンチドリ属。北海道、本州中部以北、アジア東北部、アリューシャン列島、アラスカに分布。亜高山、高山地帯に群生するが、高緯度地帯では海岸まで自生する。地下に手のひら状で肉厚の根を持ち、葉は3～5枚、表面に光沢がある。5～8月、10～30センチの茎を立て、紅紫色の花を穂状に10～20花つける。唇弁はくさび形、距があり、かわいいが栽培は困難。

ラン科  

## コバノトンボソウ

*Platanthera tipuloides subsp. nipponica*

小葉の蜻蛉草、ラン科ツレサギソウ属。北海道、本州、四国、九州に分布。日本固有種。日当たりの良い湿地に自生。草丈30センチ、茎の中間から少し下に1枚小さな葉をつける。5～6月、茎の上部に5～10花をまばらにつける。花径10ミリ以下で小さいが、距が長く10～15ミリで反り返り、ねじれて逆さまに咲いている。生きた水ゴケでふんわり植えるが、暖地での栽培は少し難しい。

ラン科 

## ミズチドリ

*Platanthera hologlottis*

水千鳥、ラン科ツレサギソウ属。北海道、本州、四国、九州、朝鮮半島の山野の湿地に広く自生。根は肥えて厚くなり横に伸びる。草丈40～90センチ、根元に10～20センチで細く先のとがった葉を数枚、茎の下半分にも先に行くほど小さくなる葉を互生する。6～7月、茎の先に白色の小さな花を穂状につけ、下から咲き上がる。芳香からジャコウチドリの別名がある。大形でよく目立つ。

ラン科 

## ウチョウラン

*Ponerorchis graminifolia*

羽蝶蘭、ラン科ウチョウラン属。本州、四国、九州の、日当たりの良い岸壁に分布。自生地ごとに小さな変化があり、それぞれ名が付く。地下に小豆大から小指の頭大の球根を持ち、草丈５～20センチ。６～７月、茎の先端に、紫紅色の花を十数花つける。六甲山にも多く見られたが、乱獲と、植樹による日当たりの喪失で、見られなくなった。

ラン科 

## サツマチドリ

*Ponerorchis graminifolia var. nigropunctata*

薩摩千鳥、ラン科ウチョウラン属。ウチョウランの地方変種、鹿児島県甑（こしき）島固有種。ウチョウランより少し大きく立派に見える。花期は少し遅く７～８月で白色から淡い紅紫色で、花弁に細かな斑紋が入る。蜜を出す花弁の基部、距が短い。この種に限らずウチョウランは園芸的に交配とバイオが進み、花が大きく派手になり過ぎた。

ラン科　春

## カヤラン

*Thrixspermum japonicum*

榧蘭、ラン科カヤラン属。本州岩手県以南、四国、九州、韓国済州島、中国南部に自生する小形の蘭。茎は５～10センチで下部の節から灰色の気根を波打って出し、樹幹や岩に着生し垂れ下がる。葉は長さ２～３センチ、つやがなく表面に縦の溝がある。中ほどから２～４センチの花茎を出し、まばらに径７ミリほどの鐘形、淡黄色の４～５花つける。名は２列に並んだ葉が針葉樹のカヤに似るため。

ラン科 

## ナゴラン

*Sedirea japonica*

名護蘭、ラン科ナゴラン属。近畿、伊豆半島、福井県、隠岐島および四国、九州、沖縄、それに朝鮮半島南部、中国南部まで広く分布。常緑広葉樹林内の樹幹や岩上に着生。茎は斜上し葉は互生、革質で多肉、つやがあり10～15センチ。下部から太く荒い気根を数本出して木や岩に密着。５～８月、花茎を出して房状に５～10花つける。花茎２～３センチ、淡黄緑色で内側に紫の横線が入る。

ラン科 

## クモラン（実）

*Taeniophyllum glandulosum*

蜘蛛蘭、ラン科クモラン属。本州福島県以南、四国、九州、沖縄、中国、台湾からオセアニアまで広く分布。木の枝に着生し葉を持たない。日当たりを好み梅の木につくことが多い。四方に広げた気根の中心から、６～７月、極めて短く糸状の茎を出して白緑色で５弁花を１～３花つける。筒状で平開せず距が楕円形、袋状になる。栽培は、難しいものの中でも最も難しい。

ラン科 

## タイリントキソウ

*Pleione formosana*

大輪朱鷺草、ラン科タイリントキソウ属。台湾南東部原産。山地の湿った岸壁や木の幹に着生する。春、葉よりも早く芽を伸ばして桃紫色の大輪で美しい花をつける。根元に球茎を持ち、冬は休眠して毎年新しく更新する。この仲間、中国を中心に約２０種あり、最近は英国などで改良され、またヒマラヤ産の、多種多様のものが出回っている。

ラン科　秋

## ムレチドリ

*Stenoglottis fimbriata*

群千鳥、ラン科ステノグロティス属。アフリカ中南部に自生。よく似た同属が４種ほどあり、園芸種が多く流通している。花の形から、千鳥の群舞に見立てた名。葉にウズラ模様があり観賞価値がある。岩場や木の株に着生。株の中心からよく育つと50センチまで花茎を立ち上げ、明るい紫紅色の花を穂状に多数つける。やや寒さに弱く、常緑だが寒い地方では冬、葉を落とす。

テコフィレア科　

## テコフィレア・キアノクロクス

*Tecophilaea cyanocrocus*

テコフィレア科テコフィレア属。旧ヒガンバナ科。南米チリ、サンチャゴ周辺の山地の砂利地に生える秋植え球根植物。花は鮮やかなコバルトブルーで中心は白、淡い芳香があり「アンデスの青い星」と呼ばれる。自生地では乱獲により絶滅して幻の花になった。11月に芽を出し、冬少し保護すると、２～４月、１茎１花、径５センチほどの花をつけ、６月には葉を落とし休眠する。

アヤメ科 

## ヒオウギ

*Iris domestica*

檜扇、アヤメ科アヤメ属。本州、四国、九州、沖縄などとアジアの暖地、亜熱帯に広く分布。やや幅の広い剣状の葉が、２列で扇形に並び白粉を帯びる。50～100センチの茎を立て、上部でまばらに枝分かれして数花をつける。花径４～６センチ、花弁は長楕円（だえん）形、ヘラ状で黄赤色、６枚で水平に開き、内側に暗赤色の斑点が多数つく。観賞用に多く栽培され、根は薬用になる。花期は８～９月。

アヤメ科 

## エヒメアヤメ

*Iris rossii*

愛媛菖蒲、アヤメ科アヤメ属。別名タレユエソウ。中国地方、四国、九州と朝鮮半島、中国東北部に分布。やや乾いた日当たりの良い山地の斜面や草原に生える多年草。葉は剣状で２列に立ち上がり互生、基部は淡紅紫色を帯びる。４～６月、丈５～10センチの花茎を出して紫色の花を上向きにつけ、径３～４センチ。愛媛県腰折山（こしおれやま）に産するため牧野富太郎博士が付けた名。

アヤメ科  

# ノハナショウブ

*Iris ensata var. spontanea*

野花菖蒲、アヤメ科アヤメ属。北海道、本州、四国、九州と朝鮮半島、中国東北部、東シベリアの、山野の湿った草原や湿地に自生。よく分枝して群落を作る。葉は互生して２列に立ち上がり剣状。中脈が盛り上がる。茎は直立して50～120センチ、先端に紫から赤紫の１花をつける。花は６～７月、上向きで径13センチほど、内花被片は３枚で小さく外花被片は垂れ下がり中央に淡黄色の斑が入る。

**菖蒲**
ショウブ

菖蒲を「あやめ」とも「しょうぶ」とも読み紛らわしい。「ショウブ」の花は棍棒状の花穂で明らかに異なるがアヤメとハナショウブとカキツバタを見分けるのは難しい。見分け方は**「アヤメ」**；葉はやや幅広く主脈がなくて一番背が高く、花弁に網状の模様、乾いたところに生え5月上旬から中旬に咲く。**「カキツバタ」**；葉は細く花は葉先より下に咲き花弁に白い斑点、水中か湿地に生え花期は5～６月。**「ノハナショウブ」**；花期は６～７月。水辺や湿地、湿った草原に自生し葉に脈があって、赤紫色の花弁に黄色の筋が入る。

アヤメ科

## カキツバタ

*Iris laevigata*

杜若、アヤメ科アヤメ属。「いずれ菖蒲（あやめ）か杜若」の例えがあるが、垂れ下がった花びらの中央にある白い斑紋で見分ける。愛知県花。かつて兵庫県香美町村岡区で発見されて話題になり、県の天然記念物に指定された。杜若（とじゃく）の漢名は誤りで、花の汁で布を染めた故事「書き付け花」からの説も。万葉期には「垣津幡」、在原業平の「伊勢物語」にも詠まれている。

アヤメ科

## ヒオウギアヤメ

*Iris setosa*

檜扇菖蒲、アヤメ科アヤメ属。北海道、本州中部地方以北とアジア東北部、アリューシャン、アラスカに自生。日当たりの良い湿った地を好む。密生する葉は互生でやや扇状に展開して剣状。中脈ははっきりしない。基部は紫色を帯びる。６～８月、花茎40～80センチで分枝して２～３花を上向きにつける。花は青紫色で径８センチ前後。名は、花がアヤメに葉はヒオウギに似るため。

アヤメ科 春

## ヒメシャガ

*Iris gracilipes*

姫射干、アヤメ科アヤメ属。北海道南西部、本州、四国、九州北部の山地の樹林下で、やや乾いた斜面に自生。学名イリスはギリシャ語の虹で、神話の虹の精から。グラシリペスは細い柄で細い剣状の葉。20～30センチの花茎を立て、径3～4センチで淡紫色の花を2～3花つける。中央は白色に紫の脈で黄点がある。内花被（花びら）3片は淡紫色。優雅な花でよく増え、作りやすい。

アヤメ科 

## チリアヤメ

*Alophia amoena*

アヤメ科アロフィア属。ブラジル南部、チリ、アルゼンチンに自生。小さな紡錘(ぼうすい)状の球根を持つ。夏休眠し、秋、細い剣状の葉を数枚出す。4～6月、10～15センチの茎を立て、花径3センチほどで濃いブルーの花をつけ、花びら3枚がプロペラに見える。大正期に導入され、丈夫で所によっては野生化も。朝開いて夕にはしぼむ一日花だが、次々に開花して途切れない。

アヤメ科 

# フリージア・ムイリー

*Freesia muirii*

アヤメ科フリージア属。南アフリカ、ケープ地方の原種として手に入れたが、調べてみると F.refracta alba（アルバ）と F.refracta leichtlinii（レイヒトリニー）の交配種らしい。高さ10～15センチで花は白い花びらに黄色のスポットがあり、素晴らしい香りを持つ。地下に楕円形の球根があり、肥培してやると球根で増える。やや寒さに弱いが、無加温温室で育つ。

アヤメ科 

# イリス・レティキュラータ

*Iris reticulata*

アヤメ科アヤメ属。コーカサス、トルコ、イラン、イラクの亜高山、高山の花畑や草地に生える球根植物。寒さに強く作りやすい。学名のレティキュラータは網目の意で、鱗茎が網目の外皮で覆われるから。草丈10～15センチ、２～４月、茎の上に１花をつける。青紫色から藤色で径６センチ内外。上向きの内花被が３枚、外花被３枚が横に広がり、葉は細長い線状で花後大きくなる。

アヤメ科 夏

## シシリンチウム・スツリアツム

*Sisyrinchium striatum*

アヤメ科ニワゼキショウ属。南米産の耐寒性多年草。アヤメの仲間らしく、しなやかな剣葉が扇形に開く。6～7月、クリーム色の花を、この仲間では珍しく垂直に、穂状に立てて段々に連なって咲く。草丈30～40センチ。この仲間、南北アメリカに100種ほどあり、明治中期に米カリフォルニア産が導入され、ニワゼキショウとして定着。逃げ出して野生化している。

ヒガンバナ科

## キツネノカミソリ

*Lycoris sanguinea var. sanguinea*

狐の剃刀、ヒガンバナ科ヒガンバナ属。本州、四国、九州に自生する球根植物。山地や田畑のあぜに群生する。カミソリに見立てられる葉は幅1センチ、長さ30～40センチで春に出て夏には消える。その後30～50センチの花茎を立て3～5輪、黄赤色の花をつける。花径6センチで花弁6枚。「葉見ず花見ず」はヒガンバナの特徴。球根はラッキョウ形。毒草で食べると下痢、けいれんを起こす。

ヒガンバナ科　夏

## カンカケイニラ

*Allium togashii*

寒霞渓韮、ヒガンバナ科ネギ属。小豆島寒霞渓特産。日当たりの良い岩場や岸壁に生える多年草。近年、野生の猿が味を覚え、食べ尽くして絶滅したのではと危惧されている。葉は幅2ミリで根元から2～3本出て垂れ下がり、15～25センチ。8～9月、根元から20～30センチの花茎を出して先端に小花を密につける。花時には葉が枯れてしまうことが多いが、うまく作るとよく増える。

ヒガンバナ科

## アキザキスノーフレーク

*Acis autumnalis*

秋咲スノーフレーク、ヒガンバナ科アキス属。欧州中部から南部に広く分布。8～10月、花茎を20～30センチ立ち上げて径1センチほどの純白色花をつける。花弁は長楕円(だえん)形で6弁、先端が浅く裂ける。中心の雄しべは黄色で、花の少ない季節に小さいながらかれんで清らかな雰囲気を持つ。葉は糸状で10～20センチ、花とほとんど同時に出る。凍結がなければ植えっ放しで増える。

ヒガンバナ科　夏

## キルタンサス・サンギネウス

*Cyrtanthus sanguineus*

ヒガンバナ科、キルタンサス属。南アフリカ、ケープ地方沿岸から北へ熱帯まで自生する球根植物。この仲間、南アフリカに50種以上あって変化に富み、花は赤から黄色、白まで、長さ10センチほどで花径２～５センチ、冬咲きと夏咲きがある。この種は春植え夏咲き。６～８月、明るい朱赤色、トランペット形で径５センチの花をつける。直接霜に当てなければ夏にも強く丈夫で作りやすい。

ヒガンバナ科　秋

## マユハケオモト

*Haemanthus albiflos*

眉刷毛万年青、ヒガンバナ科マユハケオモト属。南アフリカに自生する球根植物。明治初期に渡来。常緑だが夏は休眠し、花は９～11月。葉は多肉質で分厚く、幅５～10センチ、長さ10～20センチ、向かい合って２枚ずつ出る。葉の間から10～20センチで太い花茎を立て、白い小花が集まってつくが、シベだけが目立って眉はけのように見え、葉がオモトに似ることからの名。

ヒガンバナ科　春

# ハナニラ

*Ipheion uniflorum*

花韮、ヒガンバナ科ハナニラ属。仲間はメキシコ、アルゼンチンなど南米に約25種あり、花色は白から淡桃、淡紫、黄色まであるが、町の花壇では白か淡い紫が多い。英名スプリングスターフラワー、あるいはベツレヘムの星と呼ばれている。傷つけると、ニラに似た匂いがするが、ネギの仲間ではない。夏は休眠し、秋に葉を出して３センチほどの６弁花を上向きに咲かせる。

ヒガンバナ科 

# ヒガンバナ

*Lycoris radiata*

彼岸花、ヒガンバナ科ヒガンバナ属。別名マンジュシャゲ。丈夫で田畑のあぜや土手、道端にも生える。９～10月、30～50センチの花茎を立て、先端に真っ赤な５～７花を輪状に並んでつける。枝も葉もなく４センチ幅５ミリの細い花弁が６枚反り返る。葉は線状で花後に出て春には消える。全国に広く自生するが、中国からの帰化植物。毒草だが根は薬になり、水にさらして救荒食にもなる。

ヒガンバナ科  

## ナルキッサス・カンタブリクス

*Narcissus cantabricus*

ヒガンバナ科スイセン属。水仙の仲間は、ヨーロッパ中部、地中海沿岸から中国まで自生し、夏は葉を落とし休眠する地中海性気候植物。日本の水仙は、シルクロードを通ってもたらされた外来種。この種は針のような葉を立て、冬、咲き始めは薄いクリーム色で、後に白くなる花をつける。よく似た園芸種が多く流通している。学名のナルキッサスはギリシャ神話の美少年から。

ヒガンバナ科  

## ネリネ・ウンドゥラータ

*Nerine undulata*

ヒガンバナ科ヒメヒガンバナ属。南アフリカに自生する球根植物。30センチほどの細く柔らかい葉を群生し、20〜70センチの花茎から白ないしは紅紫色の細く波打つ6弁花をつける。この仲間には、日が当たるときらきら輝くためダイヤモンドリリーと呼ばれる物もある。冬から初夏に成長する冬型、春から秋の夏型、それに常緑の中間型があり、常緑だが寒い所では短く休眠する。

キジカクシ科 

## ケイビラン

*Comospermum yedoense*

鶏尾蘭、キジカクシ科ケイビラン属。紀伊半島、四国、九州の崖に自生。草丈10〜30センチ、屋久島の物は小形で好まれる。根生葉は一方に傾いて伸び、鎌の刃形に。7〜8月、平たい花茎を出して、白色の細花を葉よりも高く穂状につける。雌雄別株で雄花は花弁が長楕円形、雄しべが突出。雌花の花弁は楕円形で雄しべは花弁より前に出ない。1属1種で日本固有種。

キジカクシ科 

## スズラン

*Convallaria majalis var. manshurica*

鈴蘭、キジカクシ科スズラン属。本州、九州、北海道、朝鮮半島、極東ロシア、中国、モンゴル、ミャンマーに分布。地下茎は長く横走、2〜3枚の葉は長楕円形、先はとがる。4〜6月、中心から15〜25センチの花茎を立て、上部に房状に白色で先端が6裂する花を10個ほどつける。園芸的には作りやすく香りもより強いドイツ産が作られ、日本の物はヨーロッパ系の変種とされる。

キジカクシ科 夏

## カンザシギボウシ

*Hosta capitata*

簪擬宝珠、キジカクシ科ギボウシ属。本州関西以西、四国、九州、朝鮮半島に分布。葉柄が長く基部に紫の小点がある。葉は広卵形、基部は浅く心臓形で先がとがり、縁は波打ち、茎と葉がはっきり区別できる。花茎40〜70センチ、上部に数花が集まって同じ方向に咲くことから、かんざしに見立てた。花期は6〜7月。海外では早くから交配親に使われている。六甲山に多い。

キジカクシ科 

## ヒメイワギボウシ

*Hosta longipes var. gracillima*

姫岩擬宝珠、キジカクシ科ギボウシ属。四国高知、愛媛両県と香川県小豆島に自生する多年草。岩場や川縁に生える小形のギボウシで、水を好むためよく根元を水に浸す。狭卵形から長楕円(だえん)形の葉は分厚く縁が波打ち、裏は光沢があり滑らか。8〜10月、20〜25センチの花茎を立て、上部に数花をまばらにつける。薄紫で明瞭に紫の脈が入り広い鐘形、6弁が大きく開いて外に反る。

キジカクシ科 

# ミズギボウシ

*Hosta longissima*

水擬宝珠、キジカクシ科ギボウシ属。本州静岡県以西、四国、九州、朝鮮半島に自生する多年草。日当たりの良い水際、湿地に生える。根茎は多肉で短くはって株分かれする。葉は10センチ内外の長楕円形で先がとがり肉厚、光沢があり時に縁が波打つ。８～９月、40～60センチの花茎が直立し、穂状に薄い紫色の花を斜めに下垂する。平開せずラッパ状６弁花。冬は枯れて休眠。

## 擬宝珠
ギボウシ

園芸以外にも食用・飼料・荒地の緑化・土砂の流失防止等に利用され、また根が太くどんな土でも作れ、虫もつかず病気もなく、花は美しい。外国の愛好家からパーフェクトプランツと喜ばれている。日本の古典園芸としても愛好者が多いが、ただ、園芸種も多く図鑑を見ても判別がつきにくく同定が難しい。

キジカクシ科  

## マイヅルソウ

*Maianthemum dilatatum*

舞鶴草、キジカクシ科マイヅルソウ属。日本各地、千島、サハリン、ウスリー、中国、朝鮮半島、カムチャツカ、北米までの亜高山から高山帯に生え、群生することが多い。花は自生地では５～７月、関西で作ると４月。秋には赤く熟す実をつける。ハート形の葉を２～３枚互生し、葉の脈の模様を、鶴が羽を広げた形に見立てた名。雲霧環境を好み、湿度の高い半日陰を好む。

キジカクシ科  

## ユキザサ

*Maianthemum japonicum*

雪笹、キジカクシ科マイヅルソウ属。ウスリー、アムール、朝鮮半島、中国東北部から、日本全土の山地や樹林下に生える。草丈20～60センチ、茎の上半分が傾斜し、横に地をはう。山地では５～７月、低地で４～６月、先端に白い小花を穂状につけ、葉が笹に似て白い花を雪に見立てた名で、秋には実が赤く熟す。ゆでて新芽を食用にするが、よく似た毒草があるので要注意。

キジカクシ科

## アマドコロ

*Polygonatum odoratum var. pluriflorum*

甘野老、キジカクシ科アマドコロ属。別名イズイで生薬。日本全土、朝鮮半島に広く分布。地下茎先端から角張った茎を1本出し、やや斜めに立ち上げる。草丈50～80センチ。互生する葉の葉腋（ようえき）から、白色で先端が緑白色、6裂する花を2個ずつつける。花期は3～4月。ヤマノイモの仲間トコロに似て地下茎が少し甘いため付いた名。すりおろして打ち身、捻挫の湿布薬。

キジカクシ科

## ナルコユリ

*Polygonatum falcatum*

鳴子百合、キジカクシ科アマドコロ属。田や畑で鳥を追う鳴子に似ているため付いた名。日本全土、朝鮮半島に分布。地下茎の先端から立ち上がった茎は、少し斜めに傾いて、大きい物は1メートルに達する。初夏、互生する葉の葉腋（ようえき）から花柄を出して、2センチほどで緑白色の花を垂れ下げ、秋に球状の実をつける。アマドコロと似ているが、茎が角張らず、丸い所から区別できる。

キジカクシ科　夏

## オトメギボウシ

*Hosta venusta*

乙女擬宝珠、キジカクシ科ギボウシ属。韓国済州島と周辺の島に自生する多年草。日当たりの良い岩場や砂利地に生える。この仲間では最も小形の種、冬は葉を落として休眠。葉は広卵形、長さ８～10センチで裏は光沢がある。中心から角ばった稜(りょう)があり10～15センチの花茎を立て、６～７月、薄紫、内側に濃色の脈があり、漏斗状筒形の花を房状につけ、うつむきに下から咲き上がる。

キジカクシ科 

## ラケナリア・ビリディフローラ

*Lachenalia viridiflora*

キジカクシ科（旧ユリ科）ラケナリア属。同属は南アフリカに100種ほどある。この種は大陸の南端ケープ州の岩場に自生し、夏休眠するので、暑い関西では作りやすいが、冬は、空っ風を防ぎ霜に当てないなどの保護が必要。花期は12～１月。珍しくヒスイ色の花は金属的に輝き、アフリカヒヤシンスとも呼ばれる。また葉も多肉質で、紫紅色の斑点があり美しい。

キジカクシ科 

## マッソニア・プスツラータ

*Massonia pustulata*

キジカクシ科マッソニア属。南アフリカ・ケープ州の海岸線を北へ、乾燥した平原に広く自生。冬成長型の球根植物。楕円形の葉が２枚だけ展開し地面に添う。９月に植え込み、12月、中心から茎の見えない花をつけ、６月には葉が消えて休眠。花はシベだけが目立ち、白いイソギンチャクのように見える。シノニム（異名）にロンギペスがあるが、自生地が広く地域差か。

カヤツリグサ科 

## サギスゲ

*Eriophorum gracile*

鷺菅、カヤツリグサ科ワタスゲ属。近畿地方以北、ユーラシア各地及び北アメリカに自生。低山から亜高山の湿地に生える。群生するが株立ちにならない。草丈30～50センチ、先端の白い花穂は３～５個でほうき形に見える。最南西限の芦屋市に隔離分布するが氷河期の遺存種で、今はフェンスで囲まれている。花は地味で、観賞するのは飛ぶサギに見立てた綿状の種子の集り。

カヤツリグサ科

夏

## ワタスゲ

*Eriophorum vaginatum*

綿菅、カヤツリグサ科ワタスゲ属。中部地方以北、北海道に自生。同属は東アジア北部からヨーロッパ、北アメリカに分布。高山から亜高山の、湿地や泥炭地の沼を白く染める代表的な高山植物。草丈30〜50センチで株立ちになり群生する。白い綿は種子の集まりで、花はごく地味で目立たない。栽培困難で、作られているのはミネハリイ属のヒメワタスゲで小形。別名スズメノケヤリ。

メギ科

春 夏

## サンカヨウ

*Diphylleia grayi*

山荷葉、メギ科サンカヨウ属。北海道、本州の亜高山、湿った落葉樹林下に自生する多年草。雪解けとともに葉よりも花が先行し、白色で径2センチ、シベが鮮黄色の花を数輪つける。大小2枚の葉が展開し、花は小葉の上に乗っかったように見える。夏には藍色で白粉を帯びた実をつけ、甘酸っぱくおいしい。やや作りにくく、特にメギ科の仲間は休眠中に根を触ると機嫌を損ねる。花期は5〜7月。

メギ科 

# イカリソウ

***Epimedium grandiflorum* var. *thunbergianum***

碇草、メギ科イカリソウ属。北海道西南部から九州まで、主として太平洋側に自生。花は淡い紅紫色で、花びら状の内ガク片４枚に、蜜腺を持つ花びら４枚が筒状の長い距を持つ。花の形からいかりに見立てた名で、この仲間は地方変種や自然交雑種を含めて多数あり、分類が困難。同属は北アフリカから欧州、中国、朝鮮半島、ウスリーまで広く自生し、収集癖をかき立てる。花期は４～５月。

碇草
イカリソウ

専門的なことは抜きにして、落葉性・常緑、錨型の距の有る無し、花色が白・黄・紫紅色、葉の形や大小と非常に変化が多く、それに園芸的に変わり物や交雑種が流通してコレクターを喜ばせている。最近は中国などから新しい品種が導入され蒐集の範囲が広がっている。中国と言えば強壮の薬草インヨウカク（淫羊霍）は、四川省に住む羊がこれを食べ、１日100回も交合すると古い言い伝えがある。日本のものも乾燥粉末や全草を煎じて、あるいは陰干しのものを酒に浸けて飲むと強壮効果があると言うが??

メギ科　春

## キバナイカリソウ

*Epimedium koreanum*

黄花碇草、メギ科イカリソウ属。本州の主として日本海側と琵琶湖北東部から紀伊半島、南アルプスから愛知県、北海道、朝鮮半島、中国東北部、ウスリーまで自生。花径15ミリで2センチほどの筒状の距があり、淡い黄色の花。場所により大きい物は80センチにもなるが、普通は20〜50センチ。3枚の葉がそれぞれ卵形の小葉3枚をつける2回3出（さんしゅつ）複葉。中国では薬草に使う。

メギ科　春

## スズフリイカリソウ

*Epimedium sasakii*

鈴振碇草、メギ科イカリソウ属。東広島市から三次市を経て北東へ。また岡山県新見市から高梁市のごく狭い地域に生える。この種は明らかに日本海側のトキワイカリソウと、石灰岩地帯のバイカイカリソウの自然交雑種とされている。両種の特徴から、筒状の距の有無、花の色の濃淡、花びらの大きさなどが全く一定しない。写真を撮るのに迷いっ放し、お手上げだった。

メギ科 

## バイカイカリソウ

*Epimedium diphyllum*

梅花碇草、メギ科イカリソウ属。中国地方と九州の低山地に自生する。いかりに見立てる距が無く、白花で高さ20〜40センチ、常緑が多いが、寒冷地では落葉する。また九州では比較的小さく、限られた場所で5センチほどの物もある。かつてモモイロバイカイカリソウというのもあったが、これは欧州から来た種で、スズフリイカリソウと見分けがつきにくい。

メギ科 

## トガクシソウ

*Ranzania japonica*

戸隠草、メギ科トガクシソウ属。山野草仲間ではトガクシショウマと呼ぶことが多い。長野県戸隠山に、学名は江戸時代の本草学者小野蘭山にちなむ。中部地方以北、深山の林床に自生する。丈30センチほどだが花後大きくなる。深く裂けた葉が対生し、5〜6月、散形花序を出し、2〜3センチで淡紫色の花を3〜5輪つける。一属一種で日本固有種。休眠中に植え替えるとご機嫌を損ねる。

メギ科　春

## エピメディウム・マクロセパラム

*Epimedium macrosepalum*

メギ科イカリソウ属。ロシア南東沿岸部、シホテアリン国立自然保護区は世界遺産になっており、ツングース系の人が住み、アムール虎がいる自然の宝庫。この地の樹林帯に自生する常緑多年草で、ロシアのレッドブックに載っている希少植物。形態は日本のイカリソウとあまり変わらないが、明るい紫紅色で花径4センチ、距を含むと6センチの大型の花。ぜひ一度、自生地を見たい。

メギ科 

## タツタソウ

*Jeffersonia dubia*

竜田草、メギ科タツタソウ属。中国東北部、朝鮮半島北部、シベリア東部の山地の、明るい落葉樹林下に自生。日露戦争当時、軍艦竜田の乗組員が持ち帰ったことからの名。春、葉が先に出て花が葉の下になる系統と、花が先に出て葉の上になる系統がある。いずれも花の後、大きく高く伸びる葉は、ハスの葉に似た径3～7センチ。秋、葉を落とし休眠する。薄紫から藤色の銘花。

メギ科　春

## ウンナンハッカクレン

*Podophyllum aurantiocaule*

雲南八角蓮、メギ科ポドフィルム属。ハッカクレンの仲間は、北米東部、ヒマラヤ、中国、台湾に分布するが、名前が混乱し同定が難しい。最近は交配種が出回って余計に分かりにくい。ヨーロッパでは全てPodophyllum属でまとめているが、中国ではDysosma属になっている。この種は中国南西部に自生し、2枚の葉の分岐点に花をつけるのが特徴。漢方で解熱に使う。

メギ科 

## ショウハッカクレン

*Podophyllum difforme*

小八角蓮、メギ科ポドフィルム属。名前が分かりにくい中で、この種は独特な葉の形で確認できる。中国湖北省西部、湖南省の林床に生え、盾のような細長く変形した葉に不定形の白い班が入る。20～30センチの茎から2本に分岐して、葉を長い葉柄の先に持ち、一方の葉の直下に6弁で淡赤紅色の花を2～5個つける。この仲間はミヤオソウ属とも呼ばれ、11種ばかりあるとされる。

メギ科　春

## アメリカハッカクレン

*Podophyllum peltatum*

亜米利加八角蓮、メギ科ポドフィルム属。北米の山地の林下に自生。20〜30センチの茎の先に長い葉柄を分岐し、手のひら状に深く裂けた葉を２枚広げ、葉の下に隠れるように６弁の白い花を１〜２花つける。球形の実は赤く熟して食用になるというが、根は有毒で下剤に使われる。実をリンゴに見立ててメイアップルの別名がある。この仲間はおおかた日陰を好み、半日陰で風通し良く作る。

キンポウゲ科  

## ヤマトリカブト

*Aconitum japonicum subsp. japonicum*

山鳥兜、キンポウゲ科トリカブト属。関東から中部の日当たりの良い林床、林縁に生える毒草。紡錘(ぼうすい)状の根塊から80〜150センチの茎を立て、節ごとにくの字に曲がり、７〜10月、頂点や葉腋(ようえき)に青紫から赤紫の花をつける。花弁はなくガクが５枚、長さ３センチの円錐状、円筒形で舞楽の烏帽子(えぼし)に似る。葉は互生し深く３〜５裂し、欠刻状の鈍い鋸歯(きょし)がある。

キンポウゲ科　秋

# レイジンソウ

*Aconitum loczyanum*

伶人草、キンポウゲ科トリカブト属。四国、九州の明るい林床や山地の草原に生える多年草。草丈40〜80センチ、根は黒褐色、根生葉は長い柄があり手のひら状に5〜7裂、荒い鋸歯（きょし）がある。茎葉は小さい。8〜10月、茎頂や葉腋（ようえき）に花茎を立て、まばらに淡紫色の花を穂状につける。5枚のガクは花弁に見え粗毛があり、上部のガクは舞楽の奏者がかぶる冠に似る。

キンポウゲ科

# アズマイチゲ

*Anemone raddeana*

東一華、キンポウゲ科イチリンソウ属。日本各地からサハリン（樺太）、朝鮮半島、中国、ウスリーまで広く自生。仲間の中では一番早く咲くが、仲間と同じように6月には休眠する。丸く下向きに芽を出した後、上向きに変わる。3枚の葉が、3裂したくさび形の小葉を3枚つける。中心から花茎を立てて花は3〜4センチ、白色で雄しべの付け根が紫色を帯び、日が当たると開く。

キンポウゲ科  

# フクジュソウ

*Adonis ramosa*

福寿草、キンポウゲ科フクジュソウ属。北海道、本州に自生し日本固有種。日当たりの良い斜面に点在し、江戸時代から多数の園芸種が伝統園芸として栽培されている。元日の誕生花で、元日草の別名があり、正月の寄せ植え飾りにも使われる。少し暖かくしてやると正月に開花、咲き始めは小さいが、やがて草丈が30〜40センチになり、強心、利尿作用がある。学名のアドニスはギリシャ神話の美少年の名から。

## 福寿草

フクジュソウ

ギリシャ神話で、ヴィーナスに愛された美少年アドニスが、猪の牙に刺されて死に、その血から生えたと言う。そのことから学名の属に*Adonis*がつかわれているが、これはヨーロッパ産の赤花種からきている。お正月の鉢飾りのものは大きく根を切り詰めてあるので、飾ったあとは早めに花柄を切り取り、少し大きな鉢に植え替えて肥培してやると、毎年楽しむことができる。

キンポウゲ科 

# イチリンソウ

*Anemone nikoensis*

一輪草、キンポウゲ科イチリンソウ属。北海道を除く日本各地の林床や草原に自生し、太い多肉質の根茎から、切れ込みのある３枚の小葉を持った葉が３枚出て、４～５月、径４センチ内外の白い花をつける。群生し自生地で真っ白に見えても、近寄ると10本に１本ぐらいしか咲いていない。鉢植えでも花が咲きにくい。１茎１花のためイチゲソウの名もある。６月には枯れて休眠する。

キンポウゲ科 

# キクザキイチゲ

*Anemone pseudoaltaica*

菊咲一華、キンポウゲ科イチリンソウ属。北海道から近畿以北の落葉樹の林床に自生。この仲間に共通した多肉質の根茎から出た３枚の葉が、深く切れ込んだ３枚の小葉をつける。中心から淡紫色の花を１輪つけ、日が当たると開く。花びらに見えるのはガクで10～13枚、菊の花に似ることから、別名キクザキイチリンソウ。これも春の妖精で、６月には枯れて休眠する。

キンポウゲ科 春

## ニリンソウ

*Anemone flaccida*

二輪草、キンポウゲ科イチリンソウ属。日本各地から東アジア、ウスリーまで広く自生。落葉樹の林床や草原に群生するが、亜高山や厳しい環境地では地をはい、湿潤な林床ではこんもりと立ち上がる。4～5月、多肉質の根茎の先から深く裂けた3枚の葉を出し、花茎を出して2センチほどの白色花を2輪つける。山菜として食べられるが、芽出しがトリカブトに似ているので要注意。

キンポウゲ科  

## ハクサンイチゲ

*Anemone narcissiflora subsp. nipponica*

白山一華、キンポウゲ科イチリンソウ属。本州中部以北のやや湿った高山の草地に生える多年草。根生葉（こんせいよう）は3小葉からなり、小葉はさらに裂けて線条になり手のひら状に。茎は上部に輪生する葉を4～5枚つけ、数本の花柄を出し先端に径2センチの白花を1花つける。花弁はなくガクで5枚。花のときは高さ15～20センチだが、花後30センチほどになる。加賀の白山にちなむ。

キンポウゲ科　春

## ユキワリイチゲ

*Anemone keiskeana*

雪割一華、キンポウゲ科イチリンソウ属。日本の固有種で、近畿以西、四国、九州に自生。10〜11月に新葉を出し越冬する。太い根茎が地下に横たわり、多肉質。紫色で先端は鮮やか。このためルリイチゲとも呼ばれる。柄の上に3枚の葉がつき三角形に見え、表は褐色から褐紫色で斑紋があって裏は紫。2〜3月、地方により淡紫、黄紫、時に白い花で、日が当たると開く。

キンポウゲ科

## レンゲショウマ

*Anemonopsis macrophylla*

蓮華升麻、キンポウゲ科レンゲショウマ属。葉がショウマの仲間に似て、花がハスに似ることからの名。1属1種で日本特産。40〜80センチに立ち上がり、大形の葉で、卵形の小葉を持つ複葉。7〜8月、3〜5センチで淡紫色の優雅で上品な花を下向きにつける。東北地方から近畿までの、標高1千メートルほどの山地、主に太平洋側の、やや暗いような落葉広葉樹林下に生える。

キンポウゲ科 

# ヤマオダマキ

*Aquilegia buergeriana var. buergeriana*

山苧環、キンポウゲ科オダマキ属。高さ30〜50センチの茎の上に、褐紫色の特徴ある花が美しい。まれに明るい黄色の花もあり、深く印象に残る。機織りに麻糸を巻き取った苧環からの名だが、北海道から本州、四国、九州と、各地の山地や草原に生え、5個のガクと5個の花弁が交互にあり、ガクと同色の筒状の距があって、先端が小さな球になる。最近は少なくなった。

## 苧環
オダマキ

「しずやしず　しずのおだまき繰り返し　むかしを今になすよしもがな」白拍子静御前が源頼朝の前で舞いながら、義経を想って詠った故事が有名で、元歌は「いにしえの　しずのおだまき…（伊勢物語）」だが、麻糸を丸く輪に巻いたもので、花の形が似ていることからか。糸を巻く動作から「繰り返す」と言う言葉の枕詞になっている。

キンポウゲ科 

## ミヤマオダマキ

*Aquilegia flabellata var. pumila*

深山苧環、キンポウゲ科オダマキ属。オダマキの仲間は、アジア、ヨーロッパ、北アメリカと、北半球に広く分布する。ミヤマの名の通り中部以北の高山帯に生え、葉は紫緑色で白霜を帯び、10～20センチの花茎に、径3センチほどの花を下向きにつける。5個の鮮紫色のガクと筒状の距、内側の黄色を帯びた花弁は、山で出合うと疲れを忘れる。多くの美しい園芸種が流通している。

キンポウゲ科 

## キタダケソウ

*Callianthemum hondoense*

北岳草、キンポウゲ科ウメザキサバノオ属。日本第2の高峰、南アルプス北岳の高山帯にしかない。草丈10～15センチ、3回3出（さんしゅつ）複葉で全体が白っぽく見える。6～7月、白色で中心が黄色の花を上向きにつける。径2センチ。3度栽培を試みたが敗退。広河原から三大雪渓の一つ、大樺沢（おおかんばざわ）を登り、八本歯のコルを越えてあえぎながら見たキタダケソウに感激した。

キンポウゲ科 夏

## ヒダカソウ

*Callianthemum miyabeanum*

日高草、キンポウゲ科ウメザキサバノオ属。自生地は北海道日高地方のアポイ岳周辺。かんらん岩や蛇紋岩の岩場や砂利地に生える。根茎は短く肥厚し葉は根生で長い柄があり、３出複葉で手のひら状に深く裂ける。やや白粉を帯びるが後に黄緑色に変わる。６～７月、根元から茎を出し、先端の小葉の間から花茎を1～2本立て1花をつける。花弁は8～12枚で白色、中心が淡い黄色で花径2センチ前後。

キンポウゲ科  春 夏

## リュウキンカ

*Caltha palustris var. nipponica*

立金花、キンポウゲ科リュウキンカ属。本州、九州、朝鮮半島に分布。山麓の湿地あるいは浅い水中に生える。茎は20～50センチに立ち上がり、先端に25～30ミリの花を１～２輪つける。黄色で花弁に見えるのはガクで５～７枚。南限とされる熊本県球磨郡あさぎり町では記念物に指定している。茎が直立し金色の花が咲くことからの名で、学名カルサは強い匂いのある黄花のラテン語。

キンポウゲ科　夏

## サラシナショウマ

*Cimicifuga simplex*

晒菜升麻、更科升麻、キンポウゲ科サラシナショウマ属。茎は直立して１メートルになり、長い葉柄と枝分かれした大きな葉を持つ。まばらに分枝した先に、８～10月、穂状に４ミリほどの白い花を密につける。根茎には解熱、解毒、抗炎症作用があり、漢方薬にも使われる。若葉を煮て水にさらし、味を付けて食することからの命名で、野菜升麻とも呼ばれる。

キンポウゲ科 

## シロバナカザグルマ

*Clematis patens f. leucantha*

白花風車、キンポウゲ科センニンソウ属。本州、四国、九州、朝鮮半島、中国に分布。つる性落葉性、花弁はなく８～10センチ、８枚のガク片が車輪状に平開。玩具の風車に見立てた名。ヨーロッパで園芸種の交配親に使われた。奈良県宇陀郡の群生地は国の天然記念物。三田市に保存会があり、人と自然の博物館には多数栽培されている。

キンポウゲ科 

## ハンショウヅル

*Clematis japonica*

半鐘蔓、キンポウゲ科センニンソウ属。本州、九州の山地林縁に自生。ほかの木に絡まって生育する、落葉つる性木本。葉は卵形または楕円形で先がとがる。前年に伸びた枝の先に群がり生える葉の間から長い柄を抜き出し、紫褐色で白い縁取りのある花を２～５輪下向きにつける。花弁に見えるのはガクで、４裂して開く。

キンポウゲ科 

## シロバナハンショウヅル

*Clematis williamsii*

白花半鐘蔓、キンポウゲ科センニンソウ属。関東以西、四国、九州に分布。日当たりの良い林縁に生え、大木に絡みついて大株になるつる性落葉低木。葉は対生し、前年に伸びたつるの葉腋から柄を伸ばし、４～６月、丸みを帯びたわん状の花をまとめて２～５輪つける。花弁状のガクは４枚、径２～３センチで白から黄白色。

キンポウゲ科 夏  秋

## センニンソウ

*Clematis terniflora*

仙人草、キンポウゲ科センニンソウ属。北海道南部、本州、四国、九州に分布。茎は長く伸び、葉柄が他のものに絡みつくつる性。葉は対生で３～７枚の小葉を羽状につける。８～９月、新しい茎の頂上または葉腋に、群がって白い４弁花を十字に平開する。花茎25～30ミリで花弁に見えるのはガク。有毒で「馬食わず」の別名も。

キンポウゲ科  春

## バイカオウレン

*Coptis quinquefolia*

梅花黄蓮、キンポウゲ科オウレン属。自生は東北地方以南、四国、九州まで。深山の渓谷沿いや、湿潤な針葉樹などの林床に生える常緑の多年草。ウコギ（五加木）に似るため五加葉、あるいは葉が切れ込んで５葉に見えることからゴカヨウオウレンとも呼ぶ。この類は根が黄色で、群生するため黄蓮の名がある。白い花びらに見えるのは、ガクの変化したもの。

キンポウゲ科　春

## セリバオウレン

*Coptis japonica var. major*

芹葉黄蓮、キンポウゲ科オウレン属。本州、四国の落葉樹林の林床に生える常緑多年草。葉はセリに似る。早春に根茎から花茎を伸ばし、白花を三つほどつける。花びらに見える５枚はガク片で、花弁は小さく数が多い。全草に苦味があり、抗菌作用があって、生薬として解熱、健胃、整腸剤、また漢方では黄蓮湯(とう)、三黄瀉心(さんおうしゃしん)湯などがある。

キンポウゲ科　春

## サンインシロカネソウ

*Dichocarpum sarmentosum*

山陰白銀草、キンポウゲ科シロカネソウ属。福井県から島根県の渓流沿いの落葉樹林下や飛沫(ひまつ)のかかる滝の周辺などに生える多年草。根生葉は長い柄を持ち、扇形で切れ込みのある３枚の小葉をつけ、５～18センチの茎を立てて上部に同じくふぞろいの鋸歯(きょし)のある３枚の小葉をつける。３～６月、花弁状のガク５枚、淡黄緑色で底紅の花をややうつむきにつけ、ガクは内曲する。

キンポウゲ科 

## ツルシロカネソウ

*Dichocarpum stoloniferum*

蔓白銀草、キンポウゲ科シロカネソウ属。神奈川県から奈良県までの太平洋側に自生。湿度の高いブナなどの落葉樹林下に生え、根茎が長く地をはって広がる。３出複葉で小葉はさらに裂け、菱形状卵形で対生。５～８月、10～20センチの茎を立て、径10～15ミリで白色から淡黄緑色の花は上向きでほとんど平開する。花弁に見えるのはガクで５弁、中心に黄色のしべ状花弁が見える。

キンポウゲ科  

## シラネアオイ

*Glaucidium palmatum*

白根葵、キンポウゲ科シラネアオイ属。本州中部以北の日本海側から北海道に自生。よく傾斜地に群生する。４～７月、径７～８センチで淡紫紅色の花をつける。花弁に見えるのはガク。草丈20センチが花の後50～60センチに伸びる。日本固有で１属１種。日光白根山に多いことからの名。ヤマフヨウ（山芙蓉）、ハルフヨウ（春芙蓉）の別名があり、花言葉も「完全な愛」「優美」。やや栽培が難しいが憧れの花。

キンポウゲ科 

## セツブンソウ

***Eranthis pinnatifida***

節分草、キンポウゲ科セツブンソウ属。本州関東以西の雑木林に生える。石灰岩地帯の群生が多い。地中深くの指先大の球根から、１～10本の糸のような茎を出し、切れ込みの多い葉の真ん中から５弁の白い花をつける。旧暦の節分に咲くからの名で、種子をつけ５月には枯れて休眠。花弁に見えるのはガクで、黄色の蜜腺と花粉の入った紫色のヤクが美しい。

**節分草**
セツブンソウ

少し暖かくしてやらないと節分の開花に遅れ気味だったのに、平均より寒いと言われる今年でも豆まきの日には既に咲いている。温暖化のせいなのかそれとも単年度の変化なのか。5～6月には消えていってしまうのだが例年よりも早く消えてしまうのだろうか。イチリンソウ・ニリンソウ・アズマイチゲ・キクザキイチゲ等近縁のアネモネの仲間の中で一番早く咲くこの種、手元に置いてよく観察すると色々な変化が見られる。普通5弁のものが6弁・7弁・八重咲き・「素心」と呼ばれる雄しべ雌しべまで白いもの、花弁の先が尖ったもの・丸いもの等。最近ピンクの花が野生の中で見つかったとか。マニアの中には細かく分けて楽しむ人もいる。寒い日にも観察は楽しい。

キンポウゲ科  

## シナノキンバイ

*Trollius japonicus*

信濃金梅、キンポウゲ科キンバイソウ属。本州の中部地方以北に自生し、近い仲間は北海道以北に何種かあり、また伊吹山にも固有種のキンバイソウがある。茎は15〜60センチ、葉は5枚に切れ込む。高山の湿気のある草原に生え、花径3〜4センチ、黄金色で見事な花が咲く。花弁に見えるのはガクで5〜7枚。本当の花弁は1センチ足らずで、あまり目立たない。

キンポウゲ科 

## バイカカラマツ

*Anemonella thalictroides*

梅花唐松、キンポウゲ科アネモネラ属。北アメリカからカナダの落葉樹林下に生え、1属1種。昭和初期に持ち込まれ、名は、花が梅の花に、葉が同じキンポウゲ科のカラマツソウに似ているため。根茎の頂点から小さな葉を出し、葉の間から花茎を立て、2センチほどの花を、さらにその後、脇から1〜2花をつける。最近、八重咲きや千重(せんえ)咲きの園芸種に人気がある。

キンポウゲ科　春

## クロバナオダマキ

*Aquilegia viridiflora f. atropurpurea*

黒花苧環、キンポウゲ科オダマキ属。中国西部やモンゴル、シベリアの山地から高山に生える外国種。オダマキの仲間は交雑しやすく、種子から同じ物を育てるのに苦労が要るが、この種は他のオダマキが咲き始めるより早く、2～3月に咲くため雑交しにくい。学名のviridiは緑、同様にflora花、atro暗黒、purpurea紫で、クロユリの花に似て暗黒褐色の珍しい花だ。

キンポウゲ科　春

## クレマチス・モンタナ

*Clematis montana*

キンポウゲ科センニンソウ属。中国南西部からヒマラヤ地方の標高3000メートル前後に自生するつる性の高山植物。野生では6～8メートルにも伸び、前年に伸びたつるの節々に、径3～5センチの花を2～4輪まとまってつける。葉よりも花が先に咲くので豪華に見える。基本は白花だが、英国で改良され、紫紅色や大輪で芳香のある物まで流通している。

キンポウゲ科 

## クリスマスローズ

*Helleborus niger*

キンポウゲ科クリスマスローズ属。この仲間、ヨーロッパから西アジアに20種ほどと中国に1種自生するが、クリスマス前後に開花するのも、正式なクリスマスローズもこれ1種だけ。種小名のニゲルは、根が黒いことから。20～30センチの茎に上向きに咲く白い清楚（せいそ）な花で、神話にも出てくるが、毒草で矢毒にも使われたという。明治初期に薬草として導入された。

キンポウゲ科 

## レンテンローズ

*Helleborus orientalis*

キンポウゲ科クリスマスローズ属。花期は2～4月で、名はキリスト教のレント(四旬節)「イースター(復活祭)前の40日ほど」に咲くため。園芸品種が多く、日本では普通、全てをクリスマスローズと呼ぶ。長い柄を持つ大きな葉は、鳥足状に5～10回深く裂け、鋸歯（きょし）がある。花弁はなく薄い赤色から茶褐色で径5～6センチのガクが5枚うつむいて咲く。原産地は黒海周辺部。

キンポウゲ科 

## ヒトツバオキナグサ

*Pulsatilla integrifolia*

一葉翁草、キンポウゲ科オキナグサ属。昭和初期にサハリン東北山脈で発見され、後に牧野富太郎博士によりオキナグサ属に分類された。山地の岩交じりの草地に自生。葉柄がありヘラ形、切れ込みがない。全身に白い綿毛があり、10センチ前後の花茎を立て、淡青紫色から藤色の花を上向きにつける。戦後、幻の花だったが今は北海道で育てられ、販売される。低地での栽培は困難。

キンポウゲ科 

## ルイコフイチゲ

*Pulsatilla tatewakii*

類古府一華、キンポウゲ科オキナグサ属。サハリン北部の特産。山地の草原や林縁に自生。全身細毛に覆われ株立ちになり10〜20センチ。手のひら状の葉は花後に大きく広がる。花茎の先に深く切れ込んだ葉の中心から青紫色の花を下向きにつけ平開しない。和名は大正期、日本統治時代に発見された自生地類古府にちなみ、学名は後の北海道大学植物園長の学者舘脇操に献じられた。

キンポウゲ科 

## ハゴロモキンポウゲ

*Ranunculus calandrinioides*

羽衣金鳳花、キンポウゲ科キンポウゲ属。アフリカ北西部、モロッコのアトラス山脈に自生。高地に生えるので、ややご機嫌が取りにくい。夏は休眠し、秋に葉を出して、まだ寒いうちに4～5センチの、淡いピンクの花をつける。花びらに見えるのはガクで、基本は5枚だが、不定形で八重になることもあり、透き通るように美しい。花びらを羽衣に見立てた名。

キンポウゲ科 

## キクザキリュウキンカ

*Ficaria verna*

菊咲立金花、キンポウゲ科キクザキリュウキンカ属。別名ヒメリュウキンカ（姫立金花）。ヨーロッパ、アジア西部、シベリア、それに北アフリカまで広く自生し、夏は休眠する。別名欧州金鳳花で、2月から5月ごろまで、光沢のある花を次々に開く。花びらに見えるのはガクで、基本は黄花だが、赤銅色、緑花、時に白花、八重咲きまである。葉は暗緑色で艶のあるハート形だが、改良された変化種が多く流通している。

キンポウゲ科　夏

## イトハカラマツ

*Thalictrum foeniculaceum*

糸葉唐松、キンポウゲ科カラマツソウ属。中国の甘粛・陝西・山西・河北各省の山岳地帯に分布。日当たりの良いやや乾燥した砂地や岩場を好む。細い茎が20～70センチになり、根出葉は細く裂けて複葉。茎葉は名のごとく糸状で冬は休眠。５～７月、径２～３センチで白からピンクの花をつける。花弁に見えるのはガクで５弁、中心のヤクは黄色。多花性で数個の花が次々に咲き開花期が長い。

ケシ科　

## ヤマエンゴサク

*Corydalis lineariloba*

山延胡索、ケシ科キケマン属。本州、四国、九州、それに朝鮮半島、中国東北部の山地の傾斜地や、明るい樹林下に生える。この仲間はユーラシア、アフリカ東部、北アメリカに450種、日本には13種ほどある。小さな塊茎から10～20センチの花茎を出し、青紫から赤紫の長い変形した４弁花をつける。上部の花弁は距という長い筒を持ち、蜜をためる。花期は４～５月。

ケシ科　春

## ジロボウエンゴサク

*Corydalis decumbens*

次郎坊延胡索、ケシ科キケマン属。関東以西、四国、九州、台湾から中国までの低山や路傍にも生え、４～５月、地下茎から花茎を数本立て、紅紫色の４弁花をつける。上部の花弁は筒状の距を持って蜜をためる。伊勢地方でスミレを太郎坊、この種を次郎坊と呼んで、子どもが花を絡めて引っ張り、競った遊びからの名という。部位全て有毒だが、塊茎を乾燥した「延胡索」を鎮痛に用いる。

ケシ科 

## エゾエンゴサク

*Corydalis fumariifolia*

蝦夷延胡索、ケシ科キケマン属。本州北部の日本海側から北海道、南千島、サハリンなど、オホーツク海沿岸の、低山の傾斜地や草地に広く自生する。花期は４～５月、青碧（せいへき）色から紅紫色で変形した４弁花。上部の花弁は筒状の距をつけ、球状の塊茎からは１本だけの花茎を出し、珍しく食べられ、アイヌは食用にしたという。北方系の植物で栽培はやや難しい。

ケシ科　春

## キケマン

*Corydalis heterocarpa var. japonica*

黄華鬘、ケシ科キケマン属。関東以西、四国、九州の草原や海岸に自生する越年草。根元から枝を分けて大きな葉を出す。全体が白っぽい緑色で、40〜80センチ。葉は白緑色、３〜４回羽状に裂け、裂片はくさび形で深く切れ込む。茎や葉が折れたり傷ついたりすると悪臭がある。４〜６月、茎の先端に黄色の花を房状に多数つけ、15〜20ミリで前は唇状に開き、後ろは棒状の距になる。

ケシ科

## ミヤマキケマン

*Corydalis pallida var. tenuis*

深山黄華鬘、ケシ科キケマン属。本州近畿以東、山陰、四国に自生。深山にはあまり関係なく、日当たりの良い低山や丘陵に生える越年草。株立ちになり草丈20〜50センチ。葉は10センチ前後で羽状複葉、小葉はさらに深く裂ける。４〜７月、茎の先端に10センチほどの穂状に黄花を密につける。２センチ内外で唇形、先はあまり開かない。後ろは少し膨れた距になる。この仲間は基本的に全草有毒。

ケシ科 春

## ムラサキケマン

*Corydalis incisa*

紫華鬘、ケシ科キケマン属。別名ヤブケマン。日本全土と中国に分布。平地のやや湿った日陰に生える越年草。草丈20〜50センチ、葉は長い柄を持ち羽状に細く裂け、小葉はくさび形で深く切れ込み、丸い鋸歯（きょし）がある。４〜６月、茎の先に２センチ内外の紫紅色の花を穂状に密につける。筒状花で先端は唇形、後ろは距に。華鬘は仏殿の欄間に下げる円形か楕円（だえん）形装飾品。

ケシ科 

## ヤマブキソウ

*Hylomecon japonica*

山吹草、ケシ科ヤマブキソウ属。本州、四国、九州、朝鮮半島、シベリア東部に自生する。丈20〜30センチ、４〜５月、花茎３〜４センチの鮮やかな黄花を１〜２個つける。名は、室町後期の武将・太田道灌の伝説に出てくるバラ科のヤマブキに似ていることから。雑木林の林床や広葉樹林の林縁に生える。１属１種だが、葉の形によりホソバ、セリバとも。根塊を持ち、秋には葉を落として休眠する。

ケシ科  

# コマクサ

*Dicentra peregrina*

駒草、ケシ科コマクサ属。本州の長野県以北、北海道、千島、サハリン、カムチャツカ、東部シベリアに自生する。「高山植物の女王」と呼ばれ人気があるが、低地では夏を越しにくく、標高800メートルの六甲高山植物園でも苦労している。日本アルプスの縦走路で出合うと思わず歓声を上げる。木曽御嶽山、飛騨山頂から継子(ままこ)岳の縦走路の群落は今どうなっているのだろう。

駒草
コマクサ

女王とは言っても日本特産ではない。しかも中部以北で何故か北アルプスまでで中央・南アルプス・白山にはない。長さ2センチほどの花の形が一見馬面に似ているからの名で、高山でも他の植物を寄せ付けないようながら場に多く、群生せず点々と咲く気位の高い花だ。木曽あたりの古い民間薬「百草丸」の原料にもなっている薬草でもある。我が家ではまず作れないのが悔しい。

ケシ科　夏

## リシリヒナゲシ

*Papaver fauriei*

利尻雛罌粟、ケシ科ケシ属。北海道利尻島の固有種。利尻山山頂近くの岩場や砂利地に生え、日本で唯一自生のケシの花。花茎10～25センチで透き通るような黄花を１花つける。常緑、多年草だが、低地では一年草として扱う。根の再生が悪く移植は利かない。しかし発芽力が良いため９月までに芽を出させ、翌春早く咲かせて種子を取り、９月までに芽を出させると継続栽培ができる。

ケシ科

## オサバグサ

*Pteridophyllum racemosum*

筬葉草、ケシ科オサバグサ属。本州北部、中部、東北地方の亜高山で針葉樹林下に自生。日本特産で６～８月、シダに似た６～15センチの常緑葉の中から、15～25センチの花茎を立て、穂状に白い４弁花を下向きに多くつける。葉の形が髪をとくくしのようで、機織りの筬に似ているため付いた名。亜高山の林床の物は作りにくいが、これも例に漏れない。

ケシ科　春

## シラユキゲシ

*Eomecon chionantha*

白雪芥子、ケシ科シラユキゲシ属。中国南西部から東部の林床や林縁に自生する１属１種の多年草。常緑だが寒い所では落葉する。20～50センチの草丈で、名の通り、白い花をつける。径４センチ、４弁で多数の黄色の雄しべが目立ち、地下茎でよく殖え、作りやすい。干した根茎は黄水芋と呼ばれ、消炎、解毒に使われる。蛇毒、皮膚病に効くと言われる。

ケシ科　

## メコノプシス・ベトニキフォリア

*Meconopsis betonicifolia*

ケシ科メコノプシス属。中国雲南省に自生する多年草。代表的なヒマラヤの青いケシで、神秘的な美しい花。草丈30～80センチで茎葉は互生し細長い狭卵形から長楕円形。花径６～10センチ、花付きが良いが3000～4000メートルに生える高山植物で栽培は難しい。大阪市鶴見区の「咲くやこの花館」では冷温室で年中見られるものの、温度や紫外線の関係で色あせ自生地の美しさはない。

タデ科

## イブキトラノオ

*Bistorta officinalis subsp. japonica*

　伊吹虎の尾、タデ科イブキトラノオ属。本州関東以西、四国、九州の、日当たりの良い草地から高山帯まで自生。同属は北半球に広く分布する。岐阜、滋賀県境の伊吹山に多いことからの名。草丈30～90センチ。先端に５～６センチで白または淡紅色、円柱状の花穂をつける。花期は７～８月、お花畑でよく目立つ。乾燥した物を拳参（けんじん）といい、消毒、解熱、下痢止めなどに使う。

タデ科

## ハルトラノオ

*Bistorta tenuicaulis var. tenuicaulis*

　春虎の尾、タデ科イブキトラノオ属。福島県以西、四国、九州の木陰や湿地に自生。どちらかと言うと本州太平洋側に多い。春早く咲くので、いろはの最初の字にあやかり、「イロハソウ」とも呼ばれる。根茎が太く長く、節を持ち、５～15センチの穂状の花茎を立ち上げる。花期４～５月、花弁がなく白色のガクが深く５裂する。浅い鉢で作り込むと、根茎から分枝した芽が混み合って見事な群落になる。

ナデシコ科

## カワラナデシコ

*Dianthus superbus var. longicalycinus*

河原撫子、ナデシコ科ナデシコ属。本州・四国・九州地方、海外では朝鮮半島、中国、台湾と広く分布。名の通り河原や草原に自生。高さ30～80センチ、先端が細かく裂けた５弁花で淡紅色。環境の変化などで絶滅危惧種に扱う県もある。なでるようにかわいい日本の花と、別名ヤマトナデシコ（大和撫子）。万葉集にも詠まれ、秋の季語。薬用で開花期に乾燥し、瞿麦子（くばくし）として利尿剤に使われる。

ナデシコ科

## シナノナデシコ

*Dianthus shinanensis*

信濃撫子、ナデシコ科ナデシコ属。別名ミヤマナデシコ。中部地方の山地の河原や荒れ地、砂利地に生え、高さ20～50センチ、標高が上がるほど低くなる。花期は５～８月。花径約２センチで紅紫色。カワラナデシコほど花びらが深く裂けず、茎の断面が四角形で節が膨れる。学名はDios（ゼウス＝ギリシャ神話の全知全能神）、anthos（花）で神聖な花。続くshinanensisは信濃産の意。

ナデシコ科　夏

## エゾタカネツメクサ

*Minuartia arctica var. arctica*

　蝦夷高嶺爪草、ナデシコ科タカネツメクサ属。北海道中部の高山と周北極に広く分布。本州のタカネツメクサの母種とされ、葉も花も少し大きい。岩場や砂利地にマット状に広がって群生、やや多肉質の葉は筒状で対生し密につける。６～８月、10～15ミリの小さな５弁花を１個つける。挿し木のつもりで植え替え、乾燥気味に育てると何とか夏を越す。

ナデシコ科 

## センジュガンピ

*Silene gracillima*

　千手岩菲、ナデシコ科マンテマ属。本州中部以北の深山、亜高山の林下、林縁に自生する。株立ちになり30～90センチで軟毛がある。葉は対生で細く先がとがる。７～８月、まばらに枝を分けて径２センチほどで清らかな白花を平開する。５弁花で花弁の先は浅く不規則に裂ける。ガクは筒状で鐘形、５裂しとがる。日光中禅寺湖西岸の千手浜で発見され、岩菲は中国産センノウの名に由来。

ナデシコ科 

# タカネビランジ

*Silene akaisialpina*

高嶺びらんじ、ナデシコ科マンテマ属。南アルプス特産で、岩場や砂利地に生える多年草。オオビランジの高山性変種でクッション状になることが多い。８〜９月、茎の先に淡い紅紫色の花を１〜数輪つける。ビランジの名はよく分からず、牧野植物図鑑にも「不明」とある。学名シレネはギリシャ神話の牧羊神シレーヌから。アカイシアルピナは南アルプスの赤石岳からか。

## びらんじ

ビランジ

植物に親しむにはまず名前を知ることから始まる。新しく発見されてまだ名前のない植物があったとしても他に名のない植物はない。世界標準の学名はラテン語でその命名の法則が細かく定められているが日本名には定めがない。一応標準和名として認められた名も地方によっては別の呼び名で呼ばれる例も多くそれも違法ではない。日本名の由来は難しく、そればかりを研究する学者もいるほどで、古典や日本古来からの名や中国をはじめ外国の呼び名から、あるいは駒草のようにその形からきたもの等々色々であるが、それもまた不変のものではなく、省略したり転訛したりで変形し、いまでは全く意味がわからなくなったものもある。ビランジもその典型でどこを調べても「意味不明」でどこからどう名がついたか分からないらしい。該当する漢字表現もできないと言うからお手上げである。

ナデシコ科　夏

## ツルビランジ

*Silene keiskei var. minor f. procumbens*

蔓ビランジ、ナデシコ科マンテマ属。関東地方と長野県で山地の岩場に垂れ下がるつる性。7～9月、花弁の先端が浅く二つに裂け紅紫色の5弁花をつける。花弁が規則正しく並ばず、片寄ってずれる傾向がある。学名の種名ケイスケイは明治初期の植物学者・伊藤圭介から。変種名ミノールは「小さい」、品種名プロクンベンスは「這った」。作りやすく実生でも挿し芽でも増やせる。

ナデシコ科　

## エンビセンノウ

*Silene wilfordii*

燕尾仙翁、ナデシコ科マンテマ属。長野、埼玉両県、北海道中南部、朝鮮半島、ウスリー、中国東北部の湿潤な草地や林縁に自生。茎は直立し50～80センチ、長さ3～8センチ、幅1～2センチで先のとがった葉が対生。7～8月、先端に径4センチほどで深橙紅（とうこう）色の花をつける。花弁は5枚。細かく裂けた花弁をツバメの尾に見立てた名。寿命が数年と短く、挿し木か実生で更新すると良い。

ナデシコ科　夏

## フシグロセンノウ

*Silene miqueliana*

節黒仙翁、ナデシコ科マンテマ属。本州、四国、九州に自生する多年草で日本固有種。山地の林下の日陰を好んで生える。50〜80センチの茎は直立し、節々が少し膨らんで紫褐色を帯びることからこの名がある。葉は対生、細長い楕円形で５〜14センチ、幅2〜5センチ。７〜10月、茎の上部を分枝して径４センチほどの５弁花を平開する。明るい朱赤色でよく目立ち、秋の林床を飾ってくれる。

ナデシコ科　

## マツモトセンノウ

*Silene sieboldii*

松本仙翁、ナデシコ科マンテマ属。朝鮮半島、中国東北部、ロシア、沿海州に分布。江戸時代からの栽培種で、名はもともと信州松本に自生があったとか、人気俳優松本幸四郎の紋所に似ていることからともいう。また九州阿蘇外輪山周辺に咲くツクシマツモトからとの説もある。40〜90センチの茎は暗赤紫色で、節が太く毛がある。葉は対生し上部の物は紫褐色を帯びる。6〜7月、上部の節から径4センチほどで深朱紅色の5弁花をつける。

ナデシコ科  

## シコタンハコベ

*Stellaria ruscifolia*

色丹繁縷、ナデシコ科ハコベ属。中部地方以北、北海道、サハリン、アムール、カムチャツカ、アラスカに分布。高山帯の岩場や砂利地に生える多年草。茎は丈5～20センチ、葉は卵形で対生し、長さ1～3センチ幅7～12ミリ、先がとがり白緑色を帯びる。花は5～7月、白色で5弁、深く中裂して一見10弁に見える。径15ミリ、ヤクが紅色。色丹島で最初に採集されたことからの名。

ナデシコ科  

## ムシトリナデシコ

*Silene armeria*

虫取撫子、ナデシコ科マンテマ属。原産はヨーロッパ中南部だが、江戸時代、観賞用に導入されたものが野生化。現在は世界中の温暖地域に広く分布。草丈30～60センチ、茎は根元から分枝し上部の葉の下に粘液を分泌する部分があり、虫が捕らえられることがあるが、食虫植物ではない。葉は対生。5～8月、枝先に淡紅色の5弁花をまとめて3～15輪を平開。筒状のガクも花弁と同色。

ナデシコ科  

## サボンソウ

*Saponaria officinalis*

ナデシコ科サボンソウ属。原産地はヨーロッパ、アジア西部、シベリア。田畑のあぜや草原に生える。明治初期に渡来、薬用植物として栽培された。根際から複数の茎を出し直立、30～80センチ。葉は対生で３本の主脈がある。５～６月、茎の上に淡紅色の花を３～５花集めてつける。５弁で花弁の先がへこむ。サポニンを多く含み、せっけんが出るまでは根を洗剤に利用した。

ヌマハコベ科

## レウイシア・ブラキカリックス

*Lewisia brachycalyx*

ヌマハコベ科レウイシア属。仲間は約20種あって北米南部の高山帯に自生する。乾燥地帯が多く、太く短い根茎を持ち、葉は多肉。属名Lewisiaは、大陸探検を指揮した米国陸軍大尉の名から。この種の葉は幅５～15ミリの細いさじ状で、長さ３～８センチ、かすかに白粉を帯びる。短い花茎に白からピンクの花をつける。径３～５センチ。初夏、花とともに葉を落として休眠。

ヌマハコベ科  

## レウイシア・レディビバ

*Lewisia rediviva*

ヌマハコベ科レウイシア属。米国北西部から西部に分布。雪解けとともに細い多肉の葉を立てるが、５～６月、花とともに消えて休眠する。モンタナ州の州花で山地の乾いた砂利地や草原に自生。ネーティブアメリカンには食料として、また薬草としてよく知られていた。春、太い根を掘り取り、喉や胸の痛みに、産後の母乳不足解消に、また傷の湿布薬など。排水よく乾燥気味に作る。

ボタン科 

## ヤマシャクヤク

*Paeonia japonica*

山芍薬、ボタン科ボタン属。分布は北海道から九州まで。石灰岩地帯に多い。草丈30～40センチ、２～３枚の小葉を持った葉が３枚互生し、４～６月、茎の先に白い花を１花、５弁抱え咲きで上向きにつける。花の寿命が短いのが惜しい。花後、バナナに似た小さな実をつけ、熟すと径３ミリほどの実の無い赤（粃＝しいな）と紫の種子をつける。学名のパエオニアは、ギリシャ神話で医の神パエオンから。

スグリ科   

## ヤシャビシャク（実）

*Ribes ambiguum*

夜叉柄杓、スグリ科スグリ属。本州、四国、九州、中国西部の亜高山のブナ、ミズナラ、トチに着生。手の届かない、高い所の股や幹の穴に生え、春先に淡黄緑白色の梅に似た花をつけるため、天の梅、天梅とも呼ばれる。花の後、とげのように見える腺毛をつけた実を結び、熟しても緑色で食べられる。山スキーで5メートルもある雪のブナ林での出合いは忘れられない。

**夜叉柄杓**
ヤシャビシャク

古い言葉で「シホ」は色を染める汁のことで、「ヤシホ」はよく染める、濃く染めるとの意らしい。また「ヒシャク」は「ヒサゴ」ですなはち「瓢」ひょうたんのこと。昔はこの木の煮汁で手匣（てばこ）や瓢箪の色付けをしたらしい。――中村浩著「植物名の由来」より――。鳥取、兵庫両県の県境扇ノ山は60年前までは一抱え、二抱えもあるブナの原生林だった。豪雪地帯で5mもある雪の上をスキーで歩いて手を伸ばしやっと届く着生植物だが、原生林が皆伐されパルプとやらになってしまった。残念ながら今の扇ノ山のブナ林は切り株から再生した2次林だ。手の届かない木の股に束になって1mにも伸びたヤシャビシャクは今は見られない。

ボタン科 

## ベニバナヤマシャクヤク

*Paeonia obovata*

紅花山芍薬、ボタン科ボタン属。立てば芍薬座れば……と美人の代名詞だが、仲間はユーラシア、北アフリカ、北アメリカに50種ほど分布し、この種は北海道から九州まで、朝鮮半島、中国東北部、サハリンに自生。白い花も清楚（せいそ）で良いのだが、少し妖艶になってもますます良い花だ。ヤマシャクヤクより1カ月遅れて咲く。数が少なく、自生ではなかなか見られない。

ユキノシタ科 

## アカショウマ

*Astilbe thunbergii*

赤升麻、ユキノシタ科チダケサシ属。自生は東北地方以南、近畿地方まで。明るい林床や草原に生え冬は休眠。白花で時に淡紅色を帯び、根元が赤いことからの名。小葉が鋸歯（きょし）のある卵形の複葉で、葉柄や基部の節に褐色の毛がある。小さな花弁は少し細長い円すい状。西宮市など六甲山系の渓谷の崖や田畑のあぜに、この仲間のチダケサシとともによく見られる。

ユキノシタ科　夏

## アワモリショウマ

*Astilbe japonica*

泡盛升麻、ユキノシタ科チダケサシ属。中部地方以西、四国、九州の山地や渓谷沿いの岩場に自生する。冬は葉を落とし休眠。鋸歯（きょし）のある複葉で先がとがる。草丈30～80センチ。６～７月、白い小花が泡状に集まって咲くことからの名。花は５弁で丸みを帯びたヘラ形。若芽は山菜として食べられる。園芸種のアスチルベは、ヨーロッパで近縁種の中国産オオチダケサシと交配されたもの。

ユキノシタ科　

## トリアシショウマ

*Astilbe thunbergii var. congesta*

鳥足升麻、ユキノシタ科チダケサシ属。中部地方以北、北海道に自生。亜高山帯の湿地や草原、林床に生える。複葉で小葉は鋸歯があり卵形、先が尾状に鋭くとがる。６～７月、穂状に白い小花をたくさんつけ、よく枝分かれする。草丈40～80センチ、丈夫で直立した茎を鳥の足に見立てた名。属名のチダケサシは、信州で茎に乳茸（ちだけ）をこの種の茎に差して運んだことから。

ユキノシタ科 夏

## ヒトツバショウマ

*Astilbe simplicifolia*

一葉升麻、ユキノシタ科チダケサシ属。神奈川、静岡両県の富士山麓と箱根周辺に限って自生。渓谷沿いの岩場や崖に生え、多年草で冬は枯れて休眠する。長い柄のある1枚の根生葉は卵形で3裂し、先はとがり不ぞろいの鋸歯がある。7～8月、10～30センチの花茎を立て、先端に短い枝を分け、白い小花を多数つけ円すい状になる。自生範囲が狭いにもかかわらず栽培は容易。

ユキノシタ科 

## ネコノメソウ

*Chrysosplenium grayanum*

猫の目草、ユキノシタ科ネコノメソウ属。北海道、本州、四国、九州、南千島、朝鮮半島の山地の湿地に自生。横に伸びた茎の節から5～20センチの花茎を立て、全体が薄緑を帯びる。緩い鋸歯がある丸い葉が互生し、先端の花の下は黄色を帯びる。花期は4～5月。花は小さく2ミリほどで、花弁がなくガクは4枚。名は、花後の実の裂け目が瞳孔を閉じたネコの目に似ているため。

ユキノシタ科　春

## ハナネコノメ

*Chrysosplenium album var. stamineum*

花猫の目、ユキノシタ科ネコノメソウ属。日陰の谷筋や岩の上に群生。この属、北半球の温帯、寒帯、ユーラシア、北アメリカ、北アフリカに広く分布。日本には14種ほどが自生し約半数が固有種。５センチほどの花茎を立て、花弁はなく白色のガク、ヤクが暗紅紫色の小花が２～３個つく。東北から近畿まで自生するが、以西のシロバナネコノメソウと区別がつきにくい。

ユキノシタ科　

## ワタナベソウ

*Peltoboykinia watanabei*

渡辺草、ユキノシタ科ヤワタソウ属。紀伊半島、四国（愛媛・高知県）、九州の明るい樹林下や湿度の高い斜面に自生。肥厚した地下茎を持ち、円形で深い切れ込みのある大きな根生葉が７～９枚。草丈40～60センチで冬は枯れて休眠。６～７月、淡黄色で切れ込みのある５弁花を１～10個つける。発見した高知県の小学校教師・渡辺協（かなう）にちなむ。日本固有種で環境省絶滅危惧Ⅱ類。

ユキノシタ科

## ダイモンジソウ

***Saxifraga fortunei var. alpina***

大文字草、ユキノシタ科ユキノシタ属。日本全土および千島、朝鮮半島、サハリンに分布。山地や川岸の岩場、斜面に自生。根生葉は長い柄を持ち腎円形、多くの切れ込みがある。地方により変化が多い。7～10月、10～30センチの花茎を立て白色、まれに淡紅色の5弁花をつける。上部の3弁は短く下の2弁は長く下に垂れ「大」の字に見えることから付いた名。

ユキノシタ科　秋

## ジンジソウ

***Saxifraga cortusifolia***

人字草、ユキノシタ科ユキノシタ属。本州の関東以西、四国、九州の渓流沿い、湿気の多い岸壁、あるいは老木の上に生える多年草。根生葉は長い柄を持ち、手のひら状に深く切れ込む。9～11月、10～30センチの花茎を立て、白色まれに淡紅色の小花を房状に多数つける。5弁で上の3枚は小さく、円形またはスペード形。下の2枚は細く長く垂れ、一見名の通り「人」の字に見える。

ユキノシタ科  

# シコタンソウ

*Saxifraga bronchialis subsp. funstonii var. rebunshirensis*

色丹草、ユキノシタ科ユキノシタ属。本州中部以北、北海道に自生。仲間は北半球の亜寒帯、寒帯に広く分布。岩場や砂礫（されき）地に生え、丈2〜3センチでクッション状に密生する常緑の多年草。4〜8月、5〜10センチの花茎を立て、淡黄色で紅色の斑点を持つ1センチほどの花を2〜10花つける。北方領土の色丹島で初めて採取されたための名。高山植物だが、皿鉢で何とか作れる。

タコノアシ科  

# タコノアシ

*Penthorum chinense*

蛸の足、タコノアシ科タコノアシ属。本州、四国、九州、奄美大島に自生する水辺の多年草。茎は直立して黄赤色で70センチ内外。葉は多数らせん状に互生し、先端は鋭くとがって細かい鋸歯（きょし）を持つ。地下に茎の基部があり、節から複数の茎を出して群生。8〜9月、上部で数本の枝を分け、黄白色の小花を多数片側につける。花を吸盤に見立て、分かれた枝が蛸の足に見える。

ベンケイソウ科 

# ミセバヤ

*Hylotelephium sieboldii*

見せばや、ベンケイソウ科ムラサキベンケイソウ属。江戸時代から栽培されていた古典的園芸植物、別名タマノオ（玉の緒）。原産地が長く不明だったが、1950年ごろ小豆島寒霞渓で発見され、小豆島特産とされた。しかし近年、奈良県でも見つかったという。葉は3枚が輪生し多肉、扇状円形で粉白、秋には紅葉する。岸壁に下垂する茎の先端に5弁、4ミリほどの小花が多数球状に集まる。

## みせばや

ミセバヤ

葉と花が美しい草を見つけた吉野山の法師が、和歌の師匠冷泉為久卿に「あなたにお見せしたい」との語句を入れた歌を送ったことからついた名とされる。外国にはシーボルトにより紹介されたが、この仲間、近縁種が近年になってエッチュウミセバヤ・ヒダカミセバヤ・カラフトミセバヤ・ヤマトミセバヤなど各地で発見され栽培、研究されている。

ベンケイソウ科  

## ヒダカミセバヤ

*Hylotelephium cauticola*

日高みせばや、ベンケイソウ科ムラサキベンケイソウ属、北海道十勝、日高、釧路地方の山地や海岸の日当たりの良い岸壁に自生。乾燥に強い多年草。葉は1～2センチ、卵円形で対生し緑白色。強健で美しく紅葉する。8～10月、10～15センチの茎の先端に小さな5弁花を密集してつける。ミセバヤの名は「見せたい」の意だが、吉野山の法師が詠んだ和歌にちなんだといわれている。

ベンケイソウ科 

## テカリダケキリンソウ

*Phedimus aizoon var. floribundus 'Tekaridake'*

光岳麒麟草、ベンケイソウ科キリンソウ属。キリンソウの高山型で南アルプス光岳に生える。日当たり、風通し共に良い岩場や裸地に自生。葉は分厚く多肉質で、縁が赤みを帯び、ふぞろいの鋸歯（きょし）があり互生。6～8月、鮮やかな黄花を茎の先端にまとめて数花つける。径1センチほどで先がとがり星形。よく日に当てて、乾燥気味に作ると草丈10センチまでで花付きも良い。

フウロソウ科

## ゲンノショウコ

*Geranium thunbergii*

現の証拠、フウロソウ科フウロソウ属。日本各地、千島南部、朝鮮半島、台湾に自生。葉は手のひら状で３～５裂、表面に紫黒色の斑点がある。地に伏し20～50センチ。夏に花柄を出し径10～15ミリ、梅に似た５弁花を２～３個つける。紅白同時に見られる。花後の実が裂け、種子を飛ばした後がみこしの屋根飾りに似て、みこし草の名もある。下痢止めに使われ早速、現に効くことからの名。

フウロソウ科

## ハクサンフウロ

*Geranium yesoense var. nipponicum*

白山風露、フウロソウ科フウロソウ属。東北から中部地方の高山帯の草地に自生。地方により変化が多い。草丈30～80センチ。葉は対生、根生葉(こんせいよう)は手のひら形で深い切れ込みがあり、秋は紅葉する。７～８月、茎頂に５弁の花を１～３個つけ、花弁の先は丸く、径25～30ミリ。白から濃紅紫色まで。雄しべが花の真ん中に10本放射状に並ぶ。加賀の白山からの名で日本固有種。

フウロソウ科 

## イブキフウロ

*Geranium yesoense var. hidaense*

伊吹風露、フウロソウ科フウロソウ属。滋賀、岐阜両県の一部にかかる伊吹山の草原に自生。東北の一部にも自生があると言われている。草丈30～80センチ、葉は手のひら状で５～７裂し、さらに細く裂ける。７～８月、３センチ内外で５弁、明るい紫紅色の花をつけ先端が丸く３裂する。母種とされるエゾフウロと別にハクサンフウロも自生し、各中間種もあるが、イブキフウロだけ花弁の先が裂ける。

フウロソウ科  

## ヒメフウロ

*Geranium robertianum*

姫風露、フウロソウ科フウロソウ属。伊吹山および鈴鹿山脈北部と、四国の剣山と石立山に自生する越年草。草丈20～60センチ。葉も茎もせん毛に覆われて赤くなる。葉は対生、深く３裂または５裂し、さらに羽状に細く裂ける。５～８月、枝先に細長い花柄を出して紅色の小花をつける。５弁花。古くからの薬草で、別名塩焼草は、塩を取るための藻塩焼きと同じ匂いがするため。

フウロソウ科 

# ヒメフウロソウ

*Erodium variabile*

姫風露草、フウロソウ科オランダフウロ属。別名ベニバナヒメフウロ。普通に作られている山草だが、出自があまりはっきりしない。地中海のコルシカ島に自生するE.reichardiiとE.corsicumの交雑種らしい。草丈低くはうように広がり、常緑。浅く裂けた卵形の葉。花径15ミリ前後で紅紫色。夏に少し弱く、短い枝を挿し木して増やさなければ、ばっさり枯れることがある。

## 風露草

フウロソウ

学名の *Geranium*（ゲラニウム）は古いギリシャ語の「鶴」からだが、実は天竺葵、いわゆるゼラニウムの仲間で、くちばし状に尖った果実を鶴に例えたものだ。マホメットが自分が洗ったシャツを干すためにかぶせた草が頭を高くもたげ鮮やかな赤花を幾つもつけて芳しい花に変化しゼラニウムになったと言う面白い言い伝えがある。回教徒の人の好みの花なのだろうか。

ミソハギ科 

## ミソハギ

*Lythrum anceps*

禊萩、ミソハギ科ミソハギ属。北海道、本州、四国、九州、朝鮮半島に自生。湿地や田、小川の縁に生える。大形で80～150センチになり、地下茎を伸ばして群生し上部で細く分枝する。茎は少し角張る。葉は対生し十字に見える。７～８月、葉の脇に６弁で紅紫色の小さな花を３～５個つけ、穂状になって咲き上がる。盂蘭（うら）盆に供えられるためボンバナ（盆花）とも呼ばれる。

アカバナ科  

## ヒルザキツキミソウ

*Oenothera speciosa*

昼咲月見草、アカバナ科マツヨイグサ属。大正末期に北米から観賞用に導入されたが、中部以西では野生化している。マツヨイグサの仲間で、昼間にも咲いていることからの名。30～60センチになるが地をはう。５～７月、径４～５センチで白から薄いピンクの４弁花をつける。多湿に少し弱いが、おおむね強健。かわいいため古くは愛好家が多かったが、最近は山草展にも見なくなった。

ニシキギ科

夏 秋

# ウメバチソウ

*Parnassia palustris var. palustris*

梅鉢草、ニシキギ科ウメバチソウ属。北海道、本州、四国、九州と北半球の温帯、寒帯に広く分布。日当たりの良い湿地を好む。学名のParnassiaはギリシャのパルナソス山に由来し、palustrisはギリシャ語で沼地を好む意。5～40センチの花茎を立て、8～10月、1枚の葉と梅の花に似た花をつける。白色で径20～25ミリ。暑さに弱く湿地を再現してやるが、ご機嫌が取りにくい。

ニシキギ科

夏 秋

# オオシラヒゲソウ

*Parnassia foliosa var. japonica*

大白鬚草、ニシキギ科ウメバチソウ属。秋田県から岡山、鳥取県の主に日本海側に自生。山地の湿った地に生え、花茎に2～6枚の葉をつける。8～9月、15～30センチの花茎を立て、3センチ前後の白色花をつける。花弁の縁が糸状に切れ込み、老人のあごひげに見立てた名。やや日陰を好むが、ある夏、養父市のミズバショウの自生地で、日当たりに真っ白に広がっているのを見ている。

スミレ科 

# スミレ

*Viola mandshurica var. mandshurica*

菫、スミレ科スミレ属。「スミレ」は、スミレ属の総称として使われており、やや煩わしいので、趣味家はマンジュリカと呼んでいる。日本列島に広く分布し、朝鮮半島、中国、ウスリーにも自生する。性質は強く、道端にも生えていて、深い紫、即スミレ色でかわいい。花の形が大工の墨入れに似ているからとの説もある。食べられるが、同じ仲間のパンジーなどは毒があるので注意。

菫
スミレ

日本は世界でも有数のスミレ王国といわれ、亜種、変種を合わせて80種を越え、地方的な変化や交雑種を合わすとその数250とも300とも言われる。高山から低地のアスファルトの隙間までと幅広く、また万葉集を始め古くから文学上にも登場し、親しまれ利用されてきた。栽培してみると当然高山のものは難しいがその他のものも気難しいものが多く、面白いのは鉢植えにすると勝手に種子が飛んで他の鉢に生えたもの方が機嫌よく育ち、結果よけいな雑草として抜き捨てられることも。スミレの語源も大工が使う「墨入れ」からと言うのが定説のようだが、「摘まれる」から、その他にも異説がある。また地方名は数え切れない。

スミレ科　春

# アケボノスミレ

*Viola rossii*

　曙菫、スミレ科スミレ属。日本のスミレの中で、最も華やかな明るい紫紅色で、曙にちなむ。北海道から本州、四国、九州の太平洋側の内陸部、朝鮮半島、中国、ウスリーに自生し、日本海側にはない。花期は４～５月で、乾き気味の雑木林の林床に生え、花が先行し、葉は花の後に出る。スミレとしてはやや大輪で、明るい場所を好み、観賞価値が高い。兵庫県には少ない。

スミレ科 

# クモノススミレ

*Viola grypoceras var. rhizomata*

　蜘蛛の巣菫、別名ツルタチツボスミレ、スミレ科スミレ属。タチツボスミレの仲間で、花は淡い紫色、高さ５～６センチと小さく、茎をつる状に伸ばし、一面に広がるためこの名がある。かつて扇ノ山で、牧野富太郎博士が命名した。秋田県から中国山地の日本海側で、1000メートルに近いやや高所、尾根筋に近い水はけの良いブナの林床に自生し、５～６月の雪解け後に開花する。

スミレ科　春

# シハイスミレ

*Viola violacea var. violacea*

紫背菫、スミレ科スミレ属。本州東北南部以西、四国、九州、朝鮮半島南部まで自生。西日本を代表するスミレで海岸線から山地までの丘陵や落葉樹林下に多い。葉の幅が広い物、葉脈に斑が入る物、照り葉の物など変化が多い。特に近畿地方では東方のマキノスミレとの中間型が多く判別が困難。花は径15ミリほどで淡紅紫色から濃紅紫色。花期は３～５月。やや栽培が難しいという。

スミレ科　春

# スミレサイシン

*Viola vaginata*

菫細辛、スミレ科スミレ属。日本海側、多雪地帯の代表的な種。北海道南西部から山口県まで、北日本では太平洋側にも、まれに四国にも自生。山地の湿度の高い樹林下を好む。長い地下茎をすりおろして食するためトロロスミレの名も。茎はなく葉は卵状心臓形で先がとがり、夏には大きくなる。４～５月、花径20～25ミリとやや大きく、淡紫色で全体に紫条の入る花をつける。

スミレ科　春

## ニオイタチツボスミレ

*Viola obtusa*

匂立坪菫、スミレ科スミレ属。タチツボスミレの仲間では最も華やかな種。名の通り多くが良い香りを持つ。北海道南部から屋久島までほぼ日本全土に分布。草地や落葉樹林下でやや乾いた環境を好む。葉は卵状心臓形、縁に鋸歯(きょし)がある。３〜５月、濃紫色から紫紅色で、中心部の白が目立つ鮮やかな花をつける。草丈５〜15センチ、花茎15〜20センチ。花後、茎が伸びて立ち上がる。

スミレ科 

## ノジスミレ

*Viola yedoensis var. yedoensis*

野路菫、スミレ科スミレ属。日本海側は秋田県、太平洋側は岩手県以南、四国、九州、屋久島までの、日当たりの良い低地の人里周辺、田畑やお墓の周辺に自生。茎はなく花柄４〜８センチと小形。葉は細長いヘラ形で裏が薄紫を帯びるものが多く、縁がやや波打つ。花の後大きくなり、幅広く丸みを帯びた長三角形になる。花は３〜４月、濃青紫色で15ミリ前後。花弁の縁も波打っている。

スミレ科　春

## ヒゴスミレ

*Viola chaerophylloides var. siebaldiana*

肥後菫、スミレ科スミレ属。秋田県男鹿半島が北限で、鹿児島県南部まで自生しているが、日本海側には少ない。標高が少し高い所の雑木林の林床や、日当たりの良いやや乾いた草原を好み、花は白色まれに淡い紫紅色のもあり、花期は４～５月中旬。多くは芳香を持つ。葉は付け根から５枚に分かれるのが特徴で、径6センチまでくらい、夏には10センチ近くまで大きくなる。

スミレ科 

## ヒナスミレ

*Viola tokubuchiana var. takedana*

雛菫、スミレ科スミレ属。北海道、本州、九州中部に自生するが、東北地方の太平洋側、関東、中部地方の中央山地に多く、近畿地方以西には少ない。落葉樹林の沢沿いで、木漏れ日の差す斜面を好み、花期は３月下旬～４月。花はやや小さいながら透き通ったような紅色から淡紅紫色で美しい。草丈３～８センチ、葉の裏が薄い紫色を呈す。雛の名にふさわしく、かれんなスミレだ。

スミレ科  

## キバナノコマノツメ

*Viola biflora var. biflora*

　黄花の駒の爪、スミレ科スミレ属。葉の形が馬のひづめに似ることからの名。北海道、紀伊半島以北、四国、および屋久島の亜高山から高山帯の湿性の陽地や林縁など、スミレの仲間では最も分布が広く、北極を中心にぐるりと鉢巻き状に分布。草丈５～15センチ。花は名の通り黄色で径15～20ミリ、上弁と側弁が反り返る。栽培は夏越しが困難。花期は雪解けから８月上旬まで。

マメ科  

## レブンソウ

*Oxytropis megalantha*

　マメ科オヤマノエンドウ属。北海道礼文島特産、日当たりの良い海岸の草地や岩場に生える多年草。全体に白色の毛があり、地下の根茎は太く木質化して分岐する。根生葉は８～11対の小葉を持つ羽状複葉。15～20センチの花茎を立て、５～７月、先端に紅紫色の花をまとまって５～15個つける。冬は落葉して休眠。海岸近くに自生するがやや作りにくく、高山植物扱いする。絶滅危惧ＩＢ。

カタバミ科　春

# ミヤマカタバミ

*Oxalis griffithii*

深山酢漿草、カタバミ科カタバミ属。本州東北地方南部から中国地方、四国、外国では中国やヒマラヤの、低山の樹林下に生える常緑の多年草。片喰、片傍とも書かれる。やや日陰を好み、白花だが北陸地方には淡い紅色の物がある。種子が熟すと乾燥して縦に割れ、種子をはじき飛ばす。溝端や垣根に生えるムラサキカタバミは、南アメリカ原産で、江戸時代に観賞用として導入された外来種。

## 酢漿
カタバミ

林床に生えるミヤマカタバミ、亜高山に生えるやや栽培困難なコミヤマカタバミ、溝端や垣根に生える外来種のムラサキカタバミ、そして目の敵にして引っこ抜く雑草カタバミ。薬草の本によると「生葉を揉み潰し汁を痔に塗る。煎じた汁は疥癬その他皮膚病を洗う」とある。スイモノグサ、スイスイグサ等味にちなむ名は蓚酸を含む酸性食品なのに食べられたのか。もう一つ、ミガキグサ、ゼニミガキ等、またオミガキグサと呼んで神仏の道具、特に鏡を磨いたと言われているので、銅銭や神聖な神具、仏具を磨くのに使われていて古くから縁が深かったようだ。ちなみにこの仲間南米、アフリカ等熱帯を中心に850種ほども自生があって、近頃美しい園芸品種がたくさん売り出されている。

バラ科　春

## キンキマメザクラ

***Cerasus incisa var. kinkiensis***

近畿豆桜、バラ科サクラ属。北陸、中部、東海、近畿、中国の各地方に分布するが、主として日本海側の蛇紋岩地帯に多い。花は小さく径２センチで白色５弁。花期２～４月、花に追いつくように葉が展開する。高さ５～７メートルで、野生では大株もあるようだが、作ってみると株立ちになる。春、やぶこぎの中、小さな滝の上にぐるりと満開の景色に出合い、息をのんだことがある。

バラ科 

## チョウノスケソウ

***Dryas octopetala var. asiatica***

長之助草、バラ科チョウノスケソウ属。本州では南アルプス以北の高山と北海道、アジア東北部に分布。常緑低木で地をはう。葉は革質で１～２センチの楕円(だえん)形、裏は白い。花は白から黄白色で６～８月、３～５センチの花柄を出して径２～３センチで８～９弁。氷河期の残存植物で発見者須川長之助を記念した名。低地での栽培は困難で、母種とされるヨーロッパ産が作りやすい。

バラ科 

# チングルマ

*Sieversia pentapetala*

稚児車、バラ科チングルマ属。落葉性の低木で本州中部以北、北海道、千島、アリューシャン、サハリン、カムチャツカに自生。雪田（せつでん）植物の一種で雪渓周辺の草地や砂利地に生え、枝は地をはい群落を作る。約10センチの茎の先に径３センチで白色の花をつけ、花後の実が羽毛のような冠毛を持ち放射状に広がって風車に見えることからの名。春一番に咲き、秋は紅葉し草紅葉になる。

**稚児車**
チングルマ

雪解けとともに咲き始め、夏が長けて登山シーズンにはもう羽毛のような実になっている。森林限界を越えた高山では草のように見えてれっきとした木本。クッション状に生えるものが多く、短い夏を有効に急いで一年を終える。９月の草紅葉の見事さは登山者だけが知っている。

バラ科 

## シモツケソウ

*Filipendula multijuga*

下野草、バラ科シモツケソウ属。本州関東以西、四国、九州の日当たりの良い山地や草原に自生する多年草。株立ちになり群生する。葉は羽状複葉で５～７裂、先は鋭くとがり縁には切れ込み状の不ぞろいの鋸歯があって大小が互生する。草丈30～80センチ、頂点に径４～５ミリで紅色の小花を多数まとまってつける。同じバラ科の木本シモツケに似ることからの名で、別名クサシモツケ。

バラ科 

## エビガライチゴ（実）

*Rubus phoenicolasius*

海老殻苺、バラ科キイチゴ属。北海道、本州、四国、九州、朝鮮半島、中国北部に分布。落葉低木で初めは直立するが後につる状に伸びる。葉は互生し裏に白い綿毛が密生。ウラジロイチゴの別名も。６～７月、淡紅紫色で５弁、平開せず目立たない花をつけ、７～８月、球形の果実がまとまってつき赤く熟し食べられる。茎のとげやまばらな毛が赤く、海老殻に似ていると付いた名。

バラ科 

## フユイチゴ（実）

*Rubus buergeri*

冬苺、バラ科キイチゴ属。本州関東南部以西、四国、九州の山地の林床、林縁に自生する常緑のつる性小低木。2メートルくらいまで地をはい先端に新苗を出して広がる。立ち上がった茎は20～30センチ。とげはなく全体に毛が生える。葉は5角形に近い円状で互生。9～11月、葉の脇から短い花柄を出して白色の5弁花を5～6個つける。冬に熟すため付いた名で寒苺の名もある。やや酸っぱいが食べられる。

バラ科 

## ナワシロイチゴ（実）

*Rubus parvifolius*

苗代苺、バラ科キイチゴ属。北海道から沖縄まで全土に広く自生。朝鮮半島、中国にも分布がある。落葉性低木だが地をはい100～150センチになり、茎には小さなとげを持つ。葉は3出羽状複葉で、切れ込み状の粗い鋸歯（きょし）がある。約30センチの茎を立て、5～6月、先端に淡紅紫色で平開せず目立たない花をつける。苗代の時期に熟すため付いた名。生食よりジャムなど加工に向く。

バラ科

## ヘビイチゴ（実）

*Potentilla hebiichigo*

　蛇苺、バラ科キジムシロ属。日本全土の田のあぜや草地に生える。４～６月、長い花柄を出し、12～15ミリで黄色の５弁花をつける。花後茎が長く地をはい、節々に新苗を出して広がる。節から出る葉は３小葉からなり、鋸歯があって葉脈がはっきりしている。果実は上を向いてつき球形で赤く熟す。毒はなく食べられるが、おいしくないだけ。漢方で生薬に使われる。

バラ科

## シロバナノヘビイチゴ

*Fragaria nipponica*

　白花蛇苺、バラ科オランダイチゴ属。北海道、本州中部地方までとサハリン、済州島および屋久島に隔離分布。亜高山の日当たりの良い草地に生える。長く地をはい先端に新苗を出す。葉は根生し小葉が３枚の複葉。10～20センチの枝を立て、花茎を出して白色の１～５花をつける。花茎は２センチ前後、５弁で平開する。花後果実が１センチの球形になり下を向く。赤く熟し芳香があって美味。

バラ科 夏

## テリハノイバラ

*Rosa luciae*

照葉野茨、バラ科バラ属。本州、四国、九州、琉球、中国、朝鮮半島に自生。地をはい、枝が直立し、5～7月、先端に白色5弁花をつける。花径30～35ミリ。海岸、河川敷、林縁、草原に生える。葉は奇数羽状、3～9枚で卵形の小葉を持ち、ノイバラよりやや分厚く、つやがあることからの名。19世紀末、フランス、アメリカが導入、観賞用つるバラ改良の親に使われた。

バラ科  

## カライトソウ

*Sanguisorba hakusanensis*

唐糸草、バラ科ワレモコウ属。本州福井県、滋賀県以北の日本海側から中部地方の高山帯の草原に自生。太い根が横にはい、草丈30～100センチ。長い柄のある根生葉は羽状複葉で小葉は5～6対、楕円（だえん）形で荒い鋸歯（きょし）がある。8～9月、枝先に長さ10センチほどの、ふさふさした穂状の花が垂れ下がる。小花は先端から咲き始め、花弁はなく紅紫色の雄しべが長く花の外に出る。

バラ科  

## ミツバシモツケ

***Gillenia trifoliata***

三葉下野、バラ科ギレニア属。カナダ南部からアメリカ東南部の高地に生える多年草。半日陰を好む。草丈50～80センチ、互生する葉は3出複葉、長楕円形で縁に鋸歯があって秋には紅葉する。4～6月、枝の先端に花茎を出して、白色まれに薄いピンク、中心は黄色の清楚（せいそ）な星形の花をつける。学名はドイツの植物学者ギレンにちなみ、トリフォリアタとは三つ葉。

バラ科 

## ナニワイバラ

***Rosa laevigata***

難波茨、バラ科バラ属。中国南部、台湾に自生するつる性のバラ。宝永年間（1704～11年）浪速（難波）商人が持ち込んだことからの名。中国名金桜子。果実を乾燥した生薬は、夜尿、頻尿、慢性腸炎、下痢止めなどに用いる。花茎7～8センチ、純白で5弁、中心は黄色の雄しべが多数。梅に似た爽やかな香りがする。秋に赤だいだい色の実をつけ強健で、四国や九州で野生化している。

バラ科 

## ハトヤバラ

*Rosa laevigata f. rosea*

鳩谷薔薇、バラ科バラ属。中国原産のつる性落葉木本。名は、江戸期から埼玉県の鳩ケ谷（はとがや＝現川口市）で主に生産されたため。浪速で栽培されていた白花のナニワイバラの変種で、ピンクの大輪。花径７～８センチ、横にはい２メートルほどに伸びるが、鉢作りでは切り詰める。芳香があり華やかで、しかも野性的。とげが多く花付きが良く強健。寒さにも強く、大株では秋に返り咲きする。

シュウカイドウ科  

## シュウカイドウ

*Begonia grandis*

秋海棠、シュウカイドウ科シュウカイドウ属。中国、マレー半島原産。江戸寛永年間（1624～44年）に渡来して野生化。茎は直立し40～70センチ、先で分枝、節が紅色になる。葉はゆがんだ心臓形、大きいと15センチにも。８～10月、花は紅色で、雄花は花弁が開き黄色の雄しべが目立つ。雌花は花弁がなくガク２枚が際立つ。上部の葉腋（ようえき）に無性芽をつけ、落ちて新しい個体になる。

アブラナ科 春

## ワサビ

*Eutrema japonicum*

山葵、アブラナ科ワサビ属。台湾、ニュージーランド、中国などで栽培されているが、日本特産で旧学名Wasabiaは日本語から。奈良時代の木簡にも記録がある。山地の谷川の浅瀬に自生し、葉は８～10センチで心臓形。春に根茎から30センチほどの茎を立て、やや小さな葉を数枚出し、頂点とこずえの脇に白い十字状の花を密につける。植木鉢でも作れるが、根が弱く根茎が残らない。

アブラナ科 春

## ミヤウチソウ

*Cardamine trifida*

宮内草、別名ホソバコンロンソウ、ホソバタネツケバナ、アブラナ科タネツケバナ属。北海道上川・宗谷・礼文島のほか千島やサハリンにもわずかに見られる。夏は休眠して秋に芽を出し雪の下で越冬、花期は４～５月で淡紅紫色４弁約８ミリ、草丈10～25センチ。小さなハート形に似た根塊を持ち、ごく小さく目立たないが、かれんな草。北国の花でやや栽培が難しいが貴重な野草。

アブラナ科 

# ウスキナズナ

*Draba 'Usuki nazuna'*

薄黄薺、アブラナ科イヌナズナ属。昭和の初め、山野草栽培の大先輩・鈴木吉五郎がエゾイヌナズナと黄花のナンブイヌナズナを交配して作った。学名のドラバはラテン語の「辛い」から来ている。ナノハナ（菜の花）やワサビの仲間で、花は4弁十字花、クリーム色で5～10ミリ。種子がつきにくく挿し木や株分けで殖やす。原種が基本だが、山草らしい交配雑種も少しは作っている。

アオイ科 

# ハマボウ

*Hibiscus hamabo*

浜朴、アオイ科フヨウ属。千葉県から四国、九州、奄美大島、韓国・済州島に自生。落葉性低木で海岸に生える塩生植物。高さ5メートルほどになり、よく茂って広がる。3～8センチでハート形の葉を互生し、葉裏や細い枝に細毛が生える。7～8月、中心が赤褐色で黄色の5弁花をつける。つぼみはらせんに見え、径5～10センチで1日花。ハイビスカス、ムクゲの仲間で花も似ている。

ミズキ科

# ゴゼンタチバナ

*Cornus canadensis*

御前橘、ミズキ科ミズキ属。北海道、本州、四国の山岳地帯、北東アジア、北米に自生。ハナミズキやヤマボウシと同属で、木本と間違えられるが、高さ5～15センチの多年草。2枚の対生葉と2～4枚の葉がつき、計6枚の物に花がつく。白花で花びらに見えるのはつぼみを覆う苞（ほう）。秋に径5～6ミリの赤い実をつける。

**御前橘**
ゴゼンタチバナ

加賀白山の御前峯で最初に発見され、果実がタチバナに似ているところからついた名。6枚の葉の上に御前様のようにアグラをかいて、タチバナのような花を咲かせるから、と異説もある。ミズキ科のみずきは樹液が多く、枝を折ると水が滴るからという。他にミズキが付くトサミズキ、ヒュウガミズキ等黄色の鈴を房状に付ける早春の花はマンサクの仲間で無関係。

アジサイ科　夏

## ヤマアジサイ

*Hydrangea serrata var. serrata*

　山紫陽花、アジサイ科アジサイ属。東北以西の主として太平洋側、四国、九州に自生する落葉低木。江戸時代から流行し、野生の中でも変異種が多く見いだされ、園芸的にも多くの品種が作られている。高さ80～150センチ、葉は対生し長円から卵形、鋸歯（きょし）がある。５～８月、先端に径２～３センチの装飾花を含め多数の花をつける。花の直後に刈り込むと毎年よく咲く。

アジサイ科 

## コアジサイ

*Hydrangea hirta*

　小紫陽花、アジサイ科アジサイ属。関東以西、四国、九州の林床、林縁に自生する落葉性低木。草丈80～150センチ、よく分枝し、葉は対生で長円形、上部に荒い鋸歯がある。装飾花がなく、白から淡青色の小花が密集し約５センチの塊になる。花期６～７月で少し香りがあって鉢植えに好まれる。「紫陽花」は唐の詩人白楽天が命名したが、本来は別の花で、平安期に誤って用いたという。

アジサイ科 

## シチダンカ

*Hydrangea serrata var. serrata f. prolifera*

七段花、アジサイ科アジサイ属。ヤマアジサイの八重咲き種。江戸後期に来日したドイツ人のシーボルトが「フローラ・ヤポニカ」に採録したが、長く幻の花だった。1959年、六甲山で再発見された。装飾花が八重になり、各ガクが剣状にとがり、重なって星状に見える。淡い青色で落花までに紅がかかる。六甲山特産といわれるが、後に京都・北山でも見つかっている。

アジサイ科 

## キレンゲショウマ

*Kirengeshoma palmata*

黄蓮華升麻、アジサイ科キレンゲショウマ属。旧ユキノシタ科で１属１種。別名コダチレンゲショウマと呼ばれるように、科は違うが、花以外はレンゲショウマに似ている。西日本の深山に点々と分布、標高1000～1500メートル、特に石灰岩地帯の岩場に生える。茎は80～100センチくらいまで伸び、８月、先端に円すい状、鐘形の鮮やかな黄花を数輪つけ、やや斜めに垂れる。

ハナシノブ科　夏

## ミヤマハナシノブ

*Polemonium caeruleum var. nipponicum*

深山花忍、ハナシノブ科ハナシノブ属。南北アルプス、高山帯の草原に自生。葉がシダのシノブに似ることからの名。径20～25ミリの花は碧紫（へきし）色。中心のヤクは黄色で美しく気品がある。高さ40～80センチで茎に稜線（りょうせん）があり、自生地では７～８月に咲く。鉢作りでは梅雨の多湿で根腐れしやすい。日本第２の高峰北岳の登山道で見た群生を思い出す。

ハナシノブ科　 

## コンペキソウ

*Phlox pilosa*

紺碧草、ハナシノブ科フロックス属。北米中部から東部の森林地帯に自生する常緑の多年草。芝桜の仲間だがあまり伸びないで草丈30～50センチ。細い葉が対生し茎の上部で枝を分け、先端にまとめて数花をつける。花期は４～６月、花径２～３センチ、藤色から青紫色、細い筒状から深く５裂し、中心は濃色で花弁に筋が入る。芳香を持つ物もありハンギングやコンテナなどに使われる。

ツリフネソウ科

## ツリフネソウ

*Impatiens textorii*

釣舟草、ツリフネソウ科ツリフネソウ属。北海道、本州、四国、九州、朝鮮半島、中国東北部の日当たりの良い山間の湿地や草原に生える一年草。互生する長楕円(だえん)形の葉腋(ようえき)から花茎を出し、7～10月、房状に数花つける。花弁3枚、2枚は大きい。花弁に見えるガクが3枚で、舌状の1枚が大きく突き出し後ろに細く巻き込む。果実が実り触れるとはじけ種子を飛ばす。

ツリフネソウ科

## キツリフネ

*Impatiens noli-tangere*

黄釣舟、ツリフネソウ科ツリフネソウ属。北海道、本州、四国、九州、北米、シベリア、東アジア、ヨーロッパの湿地や草原に生える一年草。背丈70センチほど。葉は互生し長楕円形で荒い鋸歯がある。葉腋から細い花茎を出し3～4花をつり下げる。黄色の花弁3枚、花弁状のガク3枚、距が後ろに突き出して湾曲。熟すと果皮が勢いよく巻き返り種子を飛ばす。

ツリフネソウ科 

# ハガクレツリフネ

*Impatiens hypophylla*

　葉隠釣舟、ツリフネソウ科ツリフネソウ属。紀伊半島、四国、九州の渓谷や林床の湿った地に生える一年草。上部で分枝して草丈30～80センチ。葉は長楕円形で先はとがる。縁の鋸歯が葉の基部でひげ状になる。７～10月、葉腋から花茎を出し花は葉の裏に隠れるように咲き、薄い紫紅色。花弁３枚、舌状に大きなガクの中央はくぼみ、距が後ろで曲がる。

サクラソウ科 

# イワザクラ

*Primula tosaensis var. tosaensis*

　岩桜、サクラソウ科サクラソウ属。近畿、四国、九州の石灰岩地帯に生えるが、中央構造線に沿って、四国山脈の南側に多い。円形から卵形の葉は径４～７センチ、ふぞろいの鋸歯があり葉柄や葉裏の脈上に毛がある。花茎10～15センチで頂上に径25～30ミリの５深裂花を１～５個、４～５月に、濃淡はあるが紅紫色の花をつける。半日陰で管理すると暖地でも何とか作れる。

サクラソウ科 

# サクラソウ

*Primula sieboldii*

桜草、サクラソウ科サクラソウ属。花が桜に似るからの名。江戸期から趣味家が改良を重ねニホンサクラソウ（日本桜草）として300種以上の園芸種を作り、現在も続いている。北海道、本州、九州および中国東北部からシベリアの、山地の草原や低湿地に生え、埼玉県さいたま市桜区田島ケ原の自生地は、国の天然記念物に指定、保護されている。栽培は容易で時に町中でも鉢植えが見られる。

## 桜草
サクラソウ

「我が国は草も桜を咲きにけり」一茶

世界に約600種、日本には変種を含め20種を越えるがほとんどが高山植物で栽培は困難。一茶の句は江戸時代から園芸的に大流行した日本桜草を読んだものだろう。学名の*primula*は「第一の」、「最初の」意で雪が消えると一番に咲くことから。寒さには滅法強く可愛さに惹かれて夏には冷蔵庫に入れるまでして挑戦するがいつも敗退。関西でなんとか作りこめるのはイワザクラ・サクラソウ・カッコソウそれから日本では最も大きい種クリンソウくらいか。

サクラソウ科 

## ユキワリソウ

*Primula farinosa subsp. modesta var. modesta*

雪割草、サクラソウ科サクラソウ属。漢字で書くと今はやりのキンポウゲ科、ミスミソウ、スハマソウと間違えられるのだが、名はこれが本家。本州中部、四国、九州の亜高山に自生し、地方により少しずつ変化がある。葉は長楕円形で3～6センチ、幅10～15ミリ、切れ込みがあるが、さじに似て基部が細くなり、裏は淡黄色の粉を密につける。暖地での栽培はやや難しい。

サクラソウ科 

## シコクカッコソウ

*Primula kisoana var. shikokiana*

四国勝紅草、サクラソウ科サクラソウ属。四国固有とされるが、見分けがつかない母種と言われるカッコソウが、関東北部に隔離分布する。径5～10センチでやや分厚く、手のひら状に浅く切れ込みのある腎臓形の葉は、全体に毛が密生する。花茎は10～20センチ、頂上あるいは2段に、2～3センチで紫紅色の花を2～10花つける。暖地でも、夏を涼しくしてやると作れる。

サクラソウ科 

## クリンソウ

*Primula japonica*

九輪草、サクラソウ科サクラソウ属。北海道、本州、四国の渓流沿いや湿地帯に自生。サクラソウ属の中で最も大形。５～６月、花茎も50～100センチまで伸び、紅紫色の花をリング状に５～10花つける。よほどうまく育てないと９輪にはならないが、作りやすく、水を切らさず肥料を施せば数段、順に咲き上がる。県内で数カ所、保護されて観光地になっている。

サクラソウ科  

## トチナイソウ

*Androsace chamaejasme subsp. lehmanniana*

栃内草、サクラソウ科トチナイソウ属。岩手県早池峰山（はやちねさん）、北海道夕張山地、礼文島、ホロヌプリ山のほか、北アジア、北米まで広く分布。発見者の北海道庁技手・栃内壬五郎（みごろう）にちなんだ名。高山の岩場や砂利地に生え、根が横にはい、分枝して先端に新芽を出す。葉は輪生状で白い長毛が生える。5～8月、3～5センチの花茎を立て、径5～6ミリ、5裂の白い花を数輪つける。

サクラソウ科

## オカトラノオ

*Lysimachia clethroides*

岡虎の尾、サクラソウ科オカトラノオ属。北海道、本州、四国、九州、朝鮮半島、中国に分布。湿度のある、日当たりの良い山野や草原に生える。草丈50～80センチ、茎の先端に小さな白花を10～20センチの穂状につける。花期は６～８月、日当たりに向かい同じ方向にそろって下部から咲き上がる。地下茎を長く伸ばし群生する。作りやすく、鉢作りでは地下茎を切り離すだけで増える。

サクラソウ科

## ツマトリソウ

*Trientalis europaea*

褄取草、サクラソウ科ツマトリソウ属。北海道、本州中部以北、四国と北米、欧州、シベリア、アラスカ、朝鮮半島に分布。高山や寒地の草地や針葉樹林下に生える。茎は直立し枝分かれせず５～25センチ。先がとがった葉は上部に輪生状に集まる。６～７月、葉腋（ようえき）から花柄を出し、深く７裂する径２～３センチの白色で清楚な花をつける。名は、花弁の先が赤くつまどるため。

サクラソウ科 

## ツルハナガタ

*Androsace sarmentosa*

蔓花形、サクラソウ科トチナイソウ属。ヒマラヤのカシミールからシッキムまでの高山2800～4000メートルに自生。「洋種」と呼ばれる外国産山草では一級品。日当たりを好む。浅鉢で乾燥気味に作ると、なんとか持ち込める。地をはい、花のない時期は毛の生えたロゼット状でランナーを出して増える。４～５月、５～15センチの花茎を立て、径15ミリの丸弁５裂花をまとめて３～５輪つける。

サクラソウ科 

## リシマキア・コンゲスティフロラ

*Lysimachia congestiflora*

サクラソウ科オカトラノオ属。中国の南部・西北部とチベット、ブータンやシッキムの湿った丘陵の、日当たりの良い草地や林床に生える常緑多年草。葉は卵形から長楕円形で対生、つやがなくややくすんで黄ばみ、茎は横にはう。４～７月、葉腋に５裂で杯形の黄花を、葉の上に房状にまとまり多数つける。丈夫で作りやすく目立つため園芸的にもよく使われる。

サクラソウ科 春

## シクラメン・バレアリカム

*Cyclamen balearicum*

サクラソウ科シクラメン属。地中海バレアレク諸島からフランス南部に自生。球根は平たい円盤状で細根は球根の下面中央から出る。葉は狭い卵形、鋭い鋸歯があって白い模様が入る。葉の裏は紅色で美しく、冬から春になって出る。シクラメンの中では小さく性質は弱く寒さにも少し弱い。花期は３～４月、白色で緩くねじれ、薄いピンクの脈が入る。強い芳香がある。

サクラソウ科 冬 春

## シクラメン・コウム

*Cyclamen coum*

サクラソウ科シクラメン属。ブルガリアの黒海沿岸からトルコ・コーカサス地方、シリア・イスラエル周辺の高地の疎林や低木地帯の2000メートルぐらいまで、やや高所に広く自生する球根。葉はくすんだ暗緑色で、裏が薄い紫になるものが多い。基部から跳ね返った花弁は淡い紫紅色で、基部に濃い斑点を持ち、短くてしばしばねじれてプロペラ状になる。開花は12月から３月。

# シクラメン

野生シクラメンの大部分が、花の後花柄がゼンマイのように巻き込んでいくことからラテン語の輪状の意CYCLO（英語のCycle＝サイクル）からCYCLAMEN サイクラメンになったとされる。24種の分類で、夏咲き２種、秋咲き９種、冬咲き４種、春咲き９種がありうまく作ると年中花が途切れないで鑑賞できる。また半数ほどのものに香りがありほとんどが甘く芳しく楽しめる。

サクラソウ科 

## シクラメン・プルプラセンス

*Cyclamen purpurascens*

サクラソウ科シクラメン属。かつてC.europaeumと呼ばれていたように、ヨーロッパに広く分布し、主としてアルプス山脈周辺の石灰岩地帯の樹林下に多い。シクラメンには珍しく常緑で夏咲き。素晴らしい芳香を持つ。葉は丸みを帯びたハート形で、模様の変化が多く、裏は赤い。観光地、アルプスの少女ハイジの記念地で小低木の中に咲いているのを見たと聞く。

サクラソウ科 

## シクラメン・ロールフシアナム

*Cyclamen rohlfsianum*

サクラソウ科シクラメン属。数少ないアフリカ原産。地中海に面したリビア東部、海に突き出たベンガジからデルナの渓谷地帯や傾斜地に生える大形種。葉柄は30センチになり、横に広く、深く切れ込みのある葉は径15センチを超え、表に模様が入る。9～11月、葉と同時に開花。花弁は先がとがり少しねじれて雄しべが突き出る。かすかな芳香を持つ。寒さに弱く冬は保護が必要。

サクラソウ科 

## ドデカテオン・メディア

*Dodecatheon meadia*

サクラソウ科ドデカテオン属。この仲間は北米を中心に２０種ほどが自生。花弁が強く反り返り花柱を突き出す。カタクリに似た姿からカタクリモドキの別名もあり、英名はシューティングスター（Shooting star＝流星）。ロゼット状長楕円形の葉の中心から15～30センチの花茎を上げ、先端に3～10花を下向きにつける。暑さに弱く夏は枯れて休眠するため、葉のあるうちに肥培するのが栽培のこつ。

サクラソウ科 

## プリムラ・メガセイフォリア

*Primula megaseifolia*

サクラソウ科サクラソウ属。黒海南東部、トルコのアナトリア北東部から国境を越えてジョージア南東部まで。日陰を好み、湿度の高い渓谷やブナ、シャクナゲの林床に自生する多年草。標高50～1100メートルで、冬は雪の下になるが常緑。根生葉は丸くうちわ状で柄に短い毛がある。春、10～15センチの花茎を上げて、明るい紅紫色の花を３～10輪まとめてつける。花の後、葉が大きく育つ。

サクラソウ科 

## ホザキサクラソウ

*Primula vialii*

穂咲桜草、サクラソウ科サクラソウ属。中国四川省南西部から雲南省北西部の高山帯に自生。湿り気のある日当たりの良い草原に生える。根生葉は長さ20～30センチ幅２～３センチで縁がやや外に巻く。白毛を帯びた20～60センチの花茎を立て、つぼみは赤く、咲き進むと藤色になる５弁花を下向き穂状につける。暑さに弱く暖地では種を採って１年草として扱う。形から天使のロウソクの別名も。

# イワウメ

*Diapensia lapponica subsp. obovata*

岩梅、イワウメ科イワウメ属。本州中部以北、北海道、千島、サハリン、アラスカの、岩場や砂利地に生える常緑の高山植物。多くの個体が群生し、隙間なく地を覆う。根茎は地中をはい、枝が短く立ち上がり葉を密につける。葉は先端がへこみ、革質で厚く葉脈がへこむ。６～８月、枝先に緑白色花を１輪つける。花びらは合弁花だが深く裂け平開するので5弁に見え丸く梅の花に似る。岩場に生え、花が梅に似ることからの名。

イワウメ科

## イワカガミ

*Schizocodon soldanelloides var. soldanelloides*

岩鏡、イワウメ科イワカガミ属。北海道、本州、四国。九州の、亜高山から高山の草地や岩場に自生。常緑の葉は丸く鋸歯がある。6～8月、淡紅色で花弁の先端が細かく裂けた5弁花を5～10輪横向きにつける。花茎5～15センチ。仲間に共通した「光沢のある丸い葉」を鏡に見立てた名。カラカラに乾いた岩場でも、やや湿った林縁でも生えているが、一癖あって栽培は困難。

イワウメ科

## イワウチワ

*Shortia uniflora*

岩団扇、イワウメ科イワウチワ属。中国地方東部、近畿から東北まで自生。オオイワウチワ、トクワカソウ、コイワウチワ、カントウイワウチワなど地方や大きさで分けられる。根茎が横にはい、葉は分厚く長円形で波状の鋸歯を持ち、少し光沢がある。4～5月、直立する花茎を伸ばし、淡紅色の花を1輪横向きにつける。岩上に生え、葉がうちわに似ていることからの名。

ツツジ科  

# イワヒゲ

*Cassiope lycopodioides*

岩髭、ツツジ科イワヒゲ属。中部以北、北海道、千島、カムチャツカ、アラスカに自生。高山の岩場に張り付くように生え、ひげに見えることからの名。茎は分枝して緑色のひも状になり、葉はうろこ状に重なって密着、ヒノキの葉のように見える。葉腋（ようえき）から短枝を出し、2～3センチの花柄を伸ばして径7～10ミリ、白色で鐘形の花を下向きにつける。花期は7～8月。

**岩髭**
イワヒゲ

常緑で草のように見えるが、れっきとした木本。高山植物のツツジの仲間にはこのように地を這い、常緑で草のように見える物が岩場やガラ場、湿地帯に10種以上ある。中にはコケモモを筆頭に食べられる実をつけるものも多く、ジャムやジュースにして楽しめるが野生動物も狙っていて、特に熊には注意が必要。

ツツジ科  

## アオノツガザクラ

*Phyllodoce aleutica*

青の栂桜、ツツジ科ツガザクラ属。中部以北、北海道の高山帯、千島、サハリン、カムチャツカ、アラスカの雪渓脇など砂利地に自生。常緑の低木でよく分枝し、茎の基部から10～30センチの枝を立ち上げる。線形の葉は密に互生。毛の生えた花柄を伸ばし、淡黄緑色で卵状つぼ形の花を下向きにつける。エゾノツガザクラと交雑して変化が多い。

ツツジ科  

## エゾノツガザクラ

*Phyllodoce caerulea*

蝦夷栂桜、ツツジ科ツガザクラ属。高山帯の雪田植物。常緑の木本で地をはう。先端が立ち上がり10～25センチ。線形の葉は4～7ミリ、幅1～2ミリで密に互生。7～8月、枝先に2～6個、つぼ形の花をつける。花が桜色、葉が針葉樹の栂に似ることからの名。花がクリーム色で、よく似たアオノツガザクラとの自然交雑があり、花の色や形の変化したものが多く見られる。

ツツジ科  

## ミネズオウ

*Loiseleuria procumbens*

峰蘇芳、ツツジ科ミネズオウ属。１属１種。本州中部以北、北海道、ヨーロッパアルプス他北半球の寒地や高山に自生する常緑低木。風当たりの強い岩場や乾いた草地で横にはい、対生する葉が密生し地面を覆う。10～15センチの枝を多く立ち上げ、６～８月、先端に小さな花を２～５花まとまってつける。花弁は５裂し鐘形で淡紅白色。北海道やヨーロッパアルプスには濃い色が多い。

ツツジ科  

## シラタマノキ

*Gaultheria pyroloides*

白玉の木、ツツジ科シラタマノキ属。伯耆大山及び中部以北、北海道、千島、サハリン、アリューシャンの林床や、ハイマツの下の半日陰に自生する常緑の低木。７～８月、つぼ形の白花をつける。９月、ガクが肥大して実を覆い、白い玉状になることから名が付いた。実も白いためシロモノとも呼ばれる。花や実をつぶすとサロメチールの匂いがする。

ツツジ科  

## アカモノ（実）

*Gaultheria adenothrix*

赤物、ツツジ科シラタマノキ属。別名イワハゼ（岩黄櫨）。北海道、本州、四国に自生。常緑の小低木で、横にはう地下茎から斜めに10～20センチの茎を立て、白から淡い紅色で釣り鐘形の花をつける。花期は５～７月で、高度により１カ月ほどの差がある。花後の濃赤色で多肉の実をつけ、ほのかに甘く食用になる。赤桃がなまった名という。

ツツジ科  

## イワナシ

*Epigaea asiatica*

岩梨、ツツジ科イワナシ属。北海道、本州の日本海側に自生する常緑の小低木で日本固有種。茎は赤褐色の毛があり地面をはう。斜上した枝は10～25センチ。葉は互生し長楕円形で４～10センチ幅２～４センチ。先がとがり革質で表面がざらつく。３～５月、先端から房状に花茎を出し淡紅紫色の花を３～８個つける。球形の実は甘くおいしい。名は、実の食感がナシに似ているため。

ツツジ科 

## ヤチツツジ

*Chamaedaphne calyculata*

谷地躑躅、ツツジ科ヤチツツジ属。北海道、秋田県および北半球の周極地域に自生。泥炭地や湿原に生え、日本では幌向原野で発見されたためホロムイツツジの別名も。常緑低木でよく分枝し、高さ30～100センチ。葉は１～３センチ幅７～10ミリ、長楕円形、革質で硬く鋸歯があって互生。４～５月、茎先端の葉腋ごとに白色、先端がくぼんだつぼ形の花を一方に片寄ってつける。

ツツジ科 

## イソツツジ

*Ledum palustre subsp. diversipilosum var. nipponicum*

磯躑躅、ツツジ科イソツツジ属。北海道、本州東北地方、朝鮮半島、サハリン、東シベリアなどの明るい湿地帯に自生。常緑の小低木で30～90センチ、あまり分枝しない。濃緑色で時に赤褐色になり、毛深い葉が枝先に集まって互生。革質で細長く縁が裏面に反り返る。6～7月、枝先に白色の小さな5深裂花を球状にまとまってつける。エゾツツジが誤って伝わった名だといわれる。

ツツジ科  

## エゾツツジ

*Therorhodion camtschaticum*

蝦夷躑躅、ツツジ科エゾツツジ属。本州北部、北海道、千島、サハリン、カムチャツカから太平洋沿岸をアラスカまでの草原や岩場に自生。茎は細かく分枝し高さ5～20センチ、葉は互生し倒卵形で長さ1～3センチ、全体に褐色の繊毛がある。6～8月、枝先に1～3花、紫紅色で径3～4センチ、鐘形で平開する5深裂花をつける。ややうつ向きにつき、花弁の上部に暗紅色の斑点がある。

ツツジ科 

## ホツツジ

*Elliottia paniculata*

穂躑躅、ツツジ科ホツツジ属。北海道南部、本州、四国、九州の日当たりの良い雑木林に自生する落葉低木で日本固有種。大方のツツジ科の植物同様、酸性土壌を好む。高さ2メートル程度までで枝を密に分枝し茎は三角形。葉は互生し倒卵形から楕円形、先がとがる。8～9月、先端に淡紅色を帯びた白色の小花を多数つける。花弁はツツジ科には珍しく3または4裂し反り気味に開く。

ツツジ科 

## ドウダンツツジ

*Enkianthus perulatus*

灯台躑躅、満天星躑躅、ツツジ科ドウダンツツジ属。四国高知県の一部に自生する落葉低木。枝が車輪状に分枝するのを灯台に見立てた、また中国の故事から花の形が満天の星に見立てたともいう。4～5月、新葉とともに径1センチほどのつぼ形、白色の花を3～5花下垂させる。葉は枝の先に輪生状に互生し、長さ2～4センチ幅10～15ミリ、先がとがり縁に細かい鋸歯(きょし)がある。

ツツジ科  

## サラサドウダン

*Enkianthus campanulatus var. campanulatus*

更紗灯台、更紗満天星、ツツジ科ドウダンツツジ属。北海道、本州近畿以北、四国に自生する落葉低木。高さ2～5メートルでよく分枝。葉は倒卵形から広楕円形、長さ2～3センチ幅1センチ、縁に細かい鋸歯がある。5～7月、枝先に淡紅色で暗紅色の筋が入る花が房状に垂れ下がる。径10～12ミリ、筒状鐘形で5裂。花は下向きだが実ると上向きになる。紅葉が真っ赤で美しい。

ツツジ科  

## ベニドウダン

*Enkianthus cernuus f. rubens*

紅灯台、紅満天星、ツツジ科ドウダンツツジ属。本州関東以南、四国、九州に自生。山地に生える落葉性低木で、仲間の中で一番小さく、コベニドウダンの別名がある。葉は枝先に数枚輪生状につき、２～５センチ幅１～２センチ、倒卵形で先がとがり鋸歯を持つ。５～７月、枝の先から房状に５～15花が垂れ下がる。花径６～８ミリ、縁が細かく裂ける。やや暗紅色に紅葉する。

ツツジ科 

## イワナンテン

*Leucothoe keiskei*

岩南天、ツツジ科イワナンテン属。本州関東南部、中部地方南部、紀伊半島に自生。崖や岩場に垂れ下がる常緑の低木。互生する葉は５～８センチ幅１～３センチ、分厚く光沢があって長卵形、鋸歯を持ち先がとがる。６～８月、前年に充実した枝の先端部葉腋（ようえき）から、３～５センチの花茎を出して、柄のある白花が数花下向きにつく。照葉でツバキの葉に似るためイワツバキの名も。

ツツジ科  

## ゴヨウツツジ

*Rhododendron quinquefolium*

五葉躑躅、ツツジ科ツツジ属。別名シロヤシオ。敬宮（としのみや）愛子内親王のお印。本州東北から近畿、四国に自生し樹高５メートル、胸高直径５０センチになる大形の落葉樹。樹皮が割れて松肌状になるためマツハダの名も。輪生状に５枚の葉がつき若木の葉は茶紅色の隈（くま）取りがある。５～６月、葉の間から１～２花をつけ、径４センチ、５深裂、雪白色で上弁に緑色の斑点がある。

ツツジ科 

## コメツツジ

*Rhododendron tschonoskii var. tschonoskii*

米躑躅、ツツジ科ツツジ属。北海道、本州、四国、九州、朝鮮半島に分布。深山の荒れた山道や岩場に自生する小低木。30～100センチで細かく密に分枝。葉は小さく枝の先端に集まってつき、長さ５～20ミリで卵形から長楕円形。６～７月、枝の先に白花、時に薄紅を帯びる花を１～５花つける。花弁は5裂し、雄しべが5本花弁より長く前に出る。小形の白い花を米粒に見立てた名。

ツツジ科  

# ヤマツツジ

*Rhododendron kaempferi var. kaempferi*

山躑躅、ツツジ科ツツジ属。北海道南部から本州、四国、九州まで広く自生するが、地方により変化が多い。葉は互生し両面に毛がある。春に出た葉は秋に落葉、夏葉は一部冬を越す。朱色、径3〜4センチの花は、漏斗状で5裂、雄しべは5本。枝先に2〜3個つけるが、コバノミツバツツジが終わった頃に咲き始める。3メートルぐらいまで立ち上がるが、低く地に伏すものが多い。

ツツジ科  

# モチツツジ

*Rhododendron macrosepalum*

黐躑躅、ツツジ科ツツジ属。ガクや若い枝に腺毛が多く、若葉もべたつく。防御のため虫を捕らえることにより、鳥もちにちなんだ名。ヤマツツジと同じく、春の葉と夏の葉がある半落葉性。明るい紫紅色の花は5〜6センチの大輪で、中央の花弁に濃い斑点がある。4〜6月の開花で、ヤマツツジと重なり、まれに交雑した物をミヤコツツジと言う。日本海側は福井県以西及び静岡、山梨両県から岡山県、四国に自生。

ツツジ科　春

## コバノミツバツツジ

*Rhododendron reticulatum*

　小葉の三葉躑躅、ツツジ科ツツジ属。高さ4メートルぐらいまでの落葉低木。花径3センチほど、淡紅紫色で雄しべは10本。長いのと短いのが5本ずつ並ぶ。枝先に3枚の葉を輪生する。イチバン(一番)ツツジとも言われ、3～4月に他のツツジに先駆けて咲く。長野県以西、四国、九州まで自生するが、最も身近な花なので一度詳しく見てほしい。西宮市の広田神社の群落は兵庫県指定の天然記念物。

ツツジ科  

## サクラツツジ

*Rhododendron tashiroi var. tashiroi*

　桜躑躅、ツツジ科ツツジ属。四国、九州、南西諸島、沖縄、台湾に自生する常緑低木。主に亜熱帯の林内や崖、岩場を好み、よく分枝してほうき状になる。葉は枝先に通常3枚の輪生で革質、表面がざらつく。花期は長く2～6月、関西で作ると4～5月。枝先の葉の間から2～3花をつける。明るい桜色で広い漏斗状、径3～4センチで5中裂花。上部の花弁の内側に濃色の斑点がある。

ツツジ科  

## バイカツツジ

*Rhododendron semibarbatum*

梅花躑躅、ツツジ科ツツジ属。北海道、本州、四国、九州の、山地の林中に生える落葉低木。細かく分枝し高さ１～２メートル。葉は互生し、狭楕円形で長さ３～５センチ、縁に細かい鋸歯があって秋には紅葉する。５～６月、枝先に梅の花に似た花をつける。花茎15～25ミリ、白から淡紅色。５弁花で基部に斑点があるが、天竜川を境に東は上部３裂に、西は５裂全てに入る。

ツツジ科  

## ムラサキヤシオツツジ

*Rhododendron albrechtii*

紫八汐躑躅、ツツジ科ツツジ属。本州中部地方以北、北海道の日当たりの良い林中、林縁に自生する低木。日本海側の積雪地帯に多く、ミヤマツツジの別名も。背丈１～２メートルで葉は互生し、長さ５～８センチの細長い楕円形。細かな鋸歯があって表面はざらつく。５～７月、葉よりもやや先立って先端に２～３花集まってつく。花径３センチ、広い漏斗状で明るい紅紫色の花。

ツツジ科  

# レンゲツツジ

***Rhododendron molle subsp. japonicum***

蓮華躑躅、ツツジ科ツツジ属。つぼみの形、あるいは花と葉が輪状に並ぶ様子を蓮華(ハスの花)に見立てた名。別名ベコツツジ(牛躑躅)、オニツツジ(鬼躑躅)。毒草で牛も食べないため大群落にもなる。1～2メートルの落葉低木で、4～6月、朱色からだいだい色、径5～6センチの花を2～8輪つける。北海道南西部から本州、四国、九州まで自生し、葉の裏が粉白のウラジロ、黄花のキレンゲがある。

ツツジ科 

# ゲンカイツツジ

***Rhododendron mucronulatum var. ciliatum***

玄海躑躅、ツツジ科ツツジ属。本州岡山県以西、四国、九州、朝鮮半島の日当たりの良い岩場などに分布する低木。名は、波の荒い玄界灘に面した地域に生えるため。樹高1～3メートル、よく分枝し若い枝や葉に軟毛がある。長楕円形の葉は4～7センチ幅1～2センチ、秋紅葉し冬は落葉して休眠。3～4月、枝の先に1～3花が葉に先立って開花する。5深裂花で紫紅色。漏斗状で広く開く。

ツツジ科  

## ヒカゲツツジ

*Rhododendron keiskei var. keiskei*

日陰躑躅、ツツジ科ツツジ属ヒカゲツツジ亜属。本州関東以西、四国、九州の太平洋側に分布。適応範囲が広く日当たり、日陰また岩場、谷筋など広く自生。１～２メートルの低木で葉は革質、長楕円形、長さ3～10センチ幅１～２センチ、先がとがる。４～５月、淡黄色の５深裂花を２～５花つける。筒形で径３～５センチ。変化が多く、中でも地をはうヤクシマハイヒカゲは特に好まれる。

ツツジ科  

## ホンシャクナゲ

*Rhododendron japonoheptamerum var. hondoense*

本石楠花、ツツジ科ツツジ属シャクナゲ亜属。「石南花」の名は中国のバラ科の物を誤って付けたという。本州中部、近畿、中国、四国の亜高山帯に自生。かつて六甲山にも自生があった。最大は高さ7～8メートル、幹の直径15センチまでになり、４～６月、枝先に径４～５センチ、淡紅紫色の花を多数つける。滋賀県日野町鎌掛谷(かいがけだに)は標高350メートルと低く、群落は国の天然記念物。

ツツジ科  

## ハクサンシャクナゲ

*Rhododendron brachycarpum*

白山石楠花、ツツジ科ツツジ属シャクナゲ亜属。本州中部地方以北、四国（剣山、石鎚山）、北海道、朝鮮半島に分布。亜高山帯の林内や、日当たりの良い尾根筋に自生する1～3メートルの低木。よく分枝し、葉は長さ10～15センチ幅3～5センチ、革質、裏は緑色で無毛、やや内側に巻き込む。5～7月、白から淡紅色で斑点のある花は、5裂して径3～4センチ。頂点に5～15花を上向きにつける。

**躑躅**
ツツジ

ツツジ科の中でツツジ属（Rhododendron）は最大の属であるとともに最も躑躅らしい仲間。ただホツツジ・ドウダンツツジ・イソツツジ・ヤチツツジ等の仲間はツツジ属ではないがツツジと呼ばれており、ツツジ属でもツツジと呼ばないサツキ・シャクナゲの仲間もある。またツツジにも常緑のもの、落葉性のものがあり、シャクナゲの中にも有鱗片種のヒカゲツツジ・ゲンカイツツジ等の仲間及び無鱗片のホンシャクナゲやキバナシャクナゲの仲間が区別される。

ツツジ科

## ダボエシア・カンタブリカ

*Daboecia cantabrica*

ツツジ科ダボエシア属。ヨーロッパ北部から西部の山地に生える常緑の低木。高さ10～50センチでヒースの仲間。長さ1～2センチで細長い葉が互生し裏は白い。よく分枝し6～10月、茎の先端に白から紅紫色、径8～10ミリ、長いつぼ状の花を房状につける。花後に切り戻してやると秋にまた咲く。ダボエシアはアイルランドの聖者の名。カンタブリカはスペインの地名から。

ツツジ科

## ロードデンドロン・アルボレウム

*Rhododendron arboreum*

ツツジ科ツツジ属シャクナゲ亜属。中国西南部とヒマラヤ山脈に沿ってインド、ネパール、ブータンなどの亜高山から高山まで広く分布。高さ30メートルまでになる常緑のシャクナゲ。葉は10～25センチ幅3～6センチ、光沢があって長楕円形。径4～5センチで筒状鐘形の花は、花弁5裂。地方的に変化が多く、花色も濃紅、ピンク、バラ色。ネパールの国花。六甲高山植物園でも咲く。

ツツジ科

## ロードデンドロン・カロリニアナム

*Rhododendron carolinianum*

ツツジ科ツツジ属シャクナゲ亜属。北米南東部、主としてテネシー州、南北カロライナ州の山地に自生。背丈2メートル前後の低木。葉は長さ5～9センチ、幅2～4センチの倒卵形から楕円形。分枝した茎の先に房状に4～10花つける。花期は5～6月、淡い紅紫色からピンク、径4センチ、広い鐘形で5裂花、薄いブロッチ（斑紋）がある。数少ないアメリカ大陸のシャクナゲで栽培は容易。

ツツジ科

## アカボシシャクナゲ

*Rhododendron hyperythrum*

赤星石楠花、ツツジ科ツツジ属シャクナゲ亜属。台湾の亜高山帯に自生し、常緑で2～4メートルになる。つぼみから咲き始めは薄い紅色をしているが、開花すると白色。枝先に5～10花つける。5裂花で中央上弁に赤いブロッチ（斑紋）があり、名はそこから来ている。数あるシャクナゲの中で、一番丈夫で暑さにも強いため、接ぎ木の台に使われる。作りやすく初心者向き。

ツツジ科

## オオミノツルコケモモ(実)

*Vaccinium macrocarpon*

　大実蔓苔桃、ツツジ科スノキ属。北米東部の湿地に自生。別名クランベリー。ネーティブアメリカンは食料、医薬、染料に用いた。酸味が強く生食には向かないが、菓子やジャム用に栽培されている。傷薬、解毒、胃や肝臓に良いとされ、花言葉も「心痛を慰める」「心を癒やす」。感謝祭で七面鳥の丸焼きに添えるクランベリーソースの材料。

ムラサキ科

## エゾルリソウ

*Mertensia pterocarpa*
*var. yezoensis*

　蝦夷瑠璃草、ムラサキ科ハマベンケイソウ属。北海道高地の夕張山系、日高山脈に自生する多年草。高山帯の岩場や草原に生える。根生葉は長い柄を持ち卵状心臓形。茎葉ともに緑色で粉白。７～８月、分枝して茎の先端に5～10花をつける。ガクは4～5ミリで深く５裂し、花弁は筒形で径10～15ミリ、くびれがあり先は浅く５裂する。淡紅色で後に淡青紫色になる。暖地での栽培困難。

ムラサキ科 夏

## アンチューサ・ケスピトーサ

*Anchusa caespitosa*

ムラサキ科ウシノシタグサ属。地中海ギリシャ領クレタ島特産。冬には積雪がある亜高山の、遮る物の無い砂利地や岩場に自生する多年草。クッション状に盛り上がって大きな群落を作る。葉は細く軟毛があり、花は小さいが宝石のように青く、平開し5裂する。花期は6～8月。日当たりを好むが、太い根が蒸れて腐りやすく、思い切って根を切り、株分けして挿し芽の要領で作る。

アカネ科 春

## ヒナソウ

*Houstonia caerulea*

雛草、アカネ科ヒナソウ属。別名トキワナズナ。北米東部からカナダの一部に自生。日当たりの良い湿度の高い草原や岩場に群生する、大きくならない常緑の多年草。米粒大でヘラ形の葉を密につけ、4～5月、草丈8～10センチ、株元から多数の花茎を立て、紫紅色または空色の花を1花つける。作りやすく種子の発芽も良い。明治17～18年ごろ導入され、一部ゴルフ場で雑草化している。

リンドウ科　秋

## リンドウ

*Gentiana scabra var. buergeri*

竜胆、リンドウ科リンドウ属。本州、四国、九州、奄美に自生。低山では60センチを超える。葉は対生し３条の脈が目立つ。９～11月、茎の上部や葉腋（ようえき）に紫色の花を、多いものは５～６個つける。筒状でガクは５裂、花弁も５裂で反り返る。健胃剤、漢方では消炎剤に用いられる。仲間はアフリカ中南部を除き360種ほど、日本には13種あるとされるが、変種も園芸種も多い。

リンドウ科　

## コケリンドウ

*Gentiana squarrosa*

苔竜胆、リンドウ科リンドウ属。東アジアの暖帯、温帯に広く分布。日本では本州、四国、九州の日当たりの良い野原に自生する２年草。茎が根元付近から分かれ、３～５センチと小さく、茎が見えないくらい小葉が密に対生する。３～６月、枝先に淡青色の花をつけ、日が当たると開く。筒状から漏斗状で５裂だが10裂に見える。作りやすく、こぼれ種子からも芽を出す。

リンドウ科　春

## ハルリンドウ

*Gentiana thunbergii var. thunbergii*

春竜胆、リンドウ科リンドウ属。東アジアの温帯域に広く分布。日本では本州、四国、九州の日当たりの良い、やや湿った野原に自生する２年草。根生葉が重なり合って対生し地面に接する。花茎が数本下方で分かれ、10センチほどに立ち上がって、小葉が1～2対まばらにつく。３～５月、先端に１花、漏斗状青紫色の花を上向きにつける。種をまいても発芽しにくく、栽培も少し難しい。

リンドウ科  

## ヤクシマリンドウ

*Gentiana yakushimensis*

屋久島竜胆、リンドウ科リンドウ属。屋久島の固有種で高地の岩場に自生する多年草。細くて硬い茎が数本固まって立ち、５～20センチになる。１～２センチで細い葉が４枚、時に３枚輪生して密につく。花は８～９月、３～４センチの鐘状で濃青紫色。抗火石か草玉を使えば何とか作れるが、低地では色あせて薄くなる。自生地は標高が高く雨が多いため開花が見られたら幸運。

リンドウ科  

## センブリ

*Swertia japonica var. japanica*

千振、リンドウ科センブリ属。北海道西南部、本州、四国、九州と朝鮮半島、中国の日当たりの良い草地に自生する２年草。茎は暗紫色で直立し角張る。高さ10～25センチになり葉は細長く対生。分枝して先端に白花をつけ、花弁は５裂し紫色の条線が入る。全草に強い苦味があり、千回振り出してもまだ苦味が残ることからの名で、当薬の別名もある。乾燥し煎じて服用する胃腸薬。

リンドウ科  

## ツルリンドウ

*Tripterospermum japonicum var. japanicum*

蔓竜胆、リンドウ科ツルリンドウ属。北海道、本州、四国、九州、朝鮮半島、中国の山地の木陰に自生。30～60センチの細長い茎が地をはうか他に絡まる。葉は対生、深緑色で裏は淡紫色。葉腋に短い筒状で鐘形、薄紫の花をつける。残存する花弁の上に突出して実がつき、紅紫色に熟し先端に雌しべが残る。花は８～10月で花期が長く、１株によく花と実が同時に見られる。

リンドウ科　秋

## アケボノソウ

*Swertia bimaculata*

曙草、リンドウ科センブリ属。北海道、本州、四国、九州と中国に分布。越年性で谷筋や湿気の多い山地や丘陵に生え、日陰を好む。長楕円形の根生葉は花時には消えて無くなる。茎葉は卵形楕円形で先がとがる。9～10月、50～80センチの茎を立て、分枝して白い花をつける。深く5裂して緑色の2点と濃緑色の斑点が多数ある。花弁の斑点を夜明けの星空に見立てた名。

リンドウ科

## チャボリンドウ

*Gentiana acaulis*

リンドウ科リンドウ属。ゲンチアナ・アコウリスと呼ぶことが多い。ヨーロッパ南部や中部のアルプス、ピレネー山脈に自生。標高1700～3000メートルの花畑に生える高山植物。草丈5～15センチに長さ5センチで筒形の花を茎から直接つける。種名のアコウリスは「無茎」の意。先端は鮮やかな瑠璃色。葉は細長い楕円形で分厚くロゼット状。花期は5～8月。アルプスの三大名花の一つ。

キョウチクトウ科

## イヨカズラ

*Vincetoxicum japonicum*

伊予蔓、キョウチクトウ科カモメヅル属。別名スズメノオゴケは牧野富太郎博士の提唱。本州、四国、九州、小笠原諸島、朝鮮半島に広く分布。海岸近くの乾いた草原や疎林に自生。茎は真っすぐに立ち30～80センチ。葉は対生し、上部の葉腋に花柄を出して帯黄白色の小花を多数つける。花弁は深く５裂、斜めに反り返る。名は初発見された伊予（愛媛県）から。

キョウチクトウ科

## クサナギオゴケ

*Vincetoxicum katoi*

草薙尾苔、キョウチクトウ科カモメヅル属。旧ガガイモ科で、この科はキョウチクトウ科に含められた。関東、近畿、四国に自生。山地の林下に生える多年草。日本固有種で環境省絶滅危惧Ⅱ類。茎はつる状に伸び、30～100センチ。５～６月、頂上に６～９ミリ、星形に５裂する花を多数つけ、日が差すと閉じる。愛知県瀬戸市で発見され、熱田神宮「草薙の剣」にちなんだ名。

ナス科 

## マンドラゴラ

*Mandragora autumnalis*

別名マンドレイク、ナス科マンドラゴラ属。地中海地方から中国西部に自生し、中世ヨーロッパを中心に魔術や錬金術に使われた薬草。恋ナスとも呼ばれ、媚薬にも使われた。個体によっては根茎が人の形になり、引き抜くと悲鳴を上げ、まともに聞いた人は発狂して死ぬと信じられたため、くくって犬に引かせたともいう。麻薬効果や鎮痛、鎮静、下剤に使われた。

ヒルガオ科 

## ハマヒルガオ

*Calystegia soldanella*

浜昼顔、ヒルガオ科ヒルガオ属。日本全土のほか、ヨーロッパ、アジアや太平洋諸島から豪州、アメリカ西海岸まで広く分布する多年草。白く強い地下茎を砂中に長く引き、茎は砂上に横たわり大群落を作る。葉は2～5センチ、腎臓形円形で互生、厚く光沢がある。5～6月、葉腋から長い花柄を出して径4～5センチ、淡紅色で漏斗状の花を葉の上に突き出してつける。

# イワタバコ

*Conandron ramondioides var. ramondioides*

岩煙草、イワタバコ科イワタバコ属。本州、四国、九州、台湾に自生。日陰の岸壁に着生し、楕円形、卵形の葉をつける。冬、葉は堅くまるまって1～2センチの塊になり、褐色の毛に覆われる。6～8月、花茎を立て、皿状に開き、15ミリほどで紫紅色の花をつける。岸壁に生え、葉タバコに似る。イワジシャとも呼ばれ食べられる。

岩煙草
イワタバコ

春の野に出て他の山菜とともにこの若葉を天ぷらなどにするとほろ苦く大いに自然を感ずるのだが。この仲間にはやや日陰を好んで作りやすい園芸植物が多く、グロキシニア・セントポーリア・ストレプトカーパス・シンニンギア等々、寒さに弱いものもあるが住宅地の庭先に見ることが多く、広く馴染まれている。

イワタバコ科  

## シシンラン

*Lysionotus pauciflorus*

石弔蘭、イワタバコ科シシンラン属。本州中部以南、四国、九州、沖縄、台湾、中国中南部に分布。環境省の絶滅危惧種。大木に着生、木質化した細い茎を20～30センチ伸ばし、根は湿ったコケの中をはう。草ではなく木。７～９月、枝の上部に３～４センチの筒形で、白から淡紫紅色の花をつける。台湾、中国の物をＬ.apicidensと分ける説もある。

イワタバコ科 

## スミレイワギリソウ

*Petrocosmea flaccida*

菫岩桐草、イワタバコ科ペトロコスメア属。中国雲南省西北部から四川省西南部に自生する多年草。全体に毛深く、葉は長い葉柄があって広卵形。冬は要保護、葉が枯れて休眠。9～10月、葉の間から３～８センチの花茎を出して上２片、下３片、唇形に裂ける５弁花をつける。径１センチ、濃紫色でスミレに似るが距はない。別種スミレイワギリと混乱するため学名で呼ばれることが多い。

イワタバコ科 

## ダンガイノジョウオウ

*Sinningia leucotricha*

断崖の女王、イワタバコ科シンニンギア属。ブラジルに自生、ウスユキソウに似た苞葉があるため、ブラジリアン・エーデルワイスとも。この仲間、中南米に約75種あり、地下茎が肥大した塊茎を持ち、寒さや乾燥など環境条件が厳しくなると地上部が枯れて休眠する。花期は5～7月、崖にへばりつくように生えている。

ノウゼンカズラ科  

## インカルビレア・デラバイ

*Incarvillea delavayi*

ノウゼンカズラ科インカルビレア属。中国四川省西部から雲南省北西部までに自生する。日本には明治の末に導入された。太い真っすぐな根を持ち葉は最大長さ30センチまでで羽状に切れ込む。5～8月、30～50センチの花茎を立て、ラッパ状で径4～5センチ、濃いピンクの花を5～10花つける。高山植物で高温多湿に弱く暖地では夏越しが難しい。鎮痛効果があり、薬用に用いられる。

シソ科 

# ジュウニヒトエ

*Ajuga nipponensis*

十二単、シソ科キランソウ属。本州、四国の林下や野原に生える多年草で、日本固有種。２～４対の対生葉をつけ、白い毛を密生した茎を立てる。４～５月、４～８センチの花穂をつけ、花軸の回りに深紫色で唇形の花を輪生して多数つける。ガクは５裂し、花冠は長さ９ミリ。地獄の釜のふたと呼ばれるキランソウの仲間。花が重なって咲く様子を、女官が着た十二単の衣装に見立てた名。

シソ科  

# カリガネソウ

*Tripora divaricata*

雁草、シソ科カリガネソウ属。北海道、本州、四国、九州。朝鮮半島、中国に分布。低山の林縁に自生。草丈60～100センチ、葉は対生し縁に鈍い鋸歯がある。上部の葉腋から長い花柄を出し、青紫色の花をまばらにつける。花弁の先は５裂、下部の１枚が大きく前に出る。雄しべ、雌しべが長く突き出して先端は下向きに垂れる。強い臭気があり、帆掛け草の別名も。

シソ科  

## ダンギク

*Caryopteris incana*

段菊、シソ科ダンギク属。九州、対馬、朝鮮半島南部、中国、台湾に分布。日当たりの良い草原に自生。下部が木質化した茎は直立し20～60センチ。全体に短い軟毛を密生し灰緑色を帯びる。８～10月、紫色の小さな花は茎の周りを取り囲み、層状で密につける。雄しべ、雌しべが突き出して目立つ。６月に一度摘芯すると高さを抑えられる。段を成して咲くことから付いた名。

シソ科 

## ムシャリンドウ

*Dracocephalum argunense*

武者（武佐）竜胆、シソ科ムシャリンドウ属。本州近畿以北、北海道と朝鮮半島、中国北部、シベリア東部に分布。日当たりの良い山地の草原に生える。茎が四角形で株立ち、葉とともに白い細毛がある。対生する葉の脇に数枚の小葉を出す。茎の先に唇形青紫色の花を穂状につける。上唇の先は浅くへこみ、下唇は３裂して中央が大きい。滋賀県近江八幡市武佐（むさ）町にちなむ。

シソ科　秋

## シモバシラ

*Keiskea japonica*

霜柱、シソ科シモバシラ属。関東以西、四国、九州に自生する多年草。渓流周辺に群生することが多い。四角形の茎が60センチ前後に伸びる。節ごとに対生する葉は、縁に鋸歯（きょし）がある。9～10月、茎上部の葉腋（ようえき）から、1方向にそろった小さな花を房状に多数つける。唇状で白色、下唇は3裂し中央が大きい。厳しい寒さで枯れた根元に霜柱のような氷柱ができる。

シソ科  

## オドリコソウ

*Lamium album var. barbatum*

踊子草、シソ科オドリコソウ属。日本を含め、東アジアの温帯域に広く分布する多年草。土手や道端にも生え、春、地下茎から芽を出し、30～50センチになる。茎は四角形で、対生する葉は両面に細かい毛がある。4～6月、白からやや赤みがかった唇形花を、葉腋に多数輪状につける。若葉は食用、根を煎じれば腫れ物、打ち傷に効く。かさをかぶった踊り子に似る春の舞姫。

シソ科

## オチフジ

*Meehania montis-koyae*

落藤、シソ科ラショウモンカズラ属。兵庫県内の上郡町にのみ自生。学名にkoyaeと高野山の名が入っていて、高野山と紀伊半島の一部に自生があるとの記録があるが、現在は絶滅か、あるいは移植された物ではないかと言われている。木漏れ日の差す谷筋の傾斜地に群生し、藤の花の開花期、地上に咲くことからの名。カメムシに似た臭いがする。ダムの建設で自生地が心配。

シソ科

## ラショウモンカズラ

*Meehania urticifolia*

羅生門蔓、シソ科ラショウモンカズラ属。本州、四国、九州、朝鮮半島、中国の山地の林床や渓流沿いに自生。この仲間は、東アジア、北米に数種、日本には2種ある。花期4～5月、唇形で紫色の花を斜めに立ち上げる。花後、地をはって出る新しい株が翌年花をつけるから、常に更新して育てる。京、羅生門で渡辺綱に切り落とされた鬼女の腕に似ることからの名。

シソ科 

## ウツボグサ

***Prunella vulgaris* subsp. *asiatica***

靭草、シソ科ウツボグサ属。日本全土、東アジアから極東ロシアにかけて広く分布。日当たりの良い山地や草原に自生する。高さ10〜40センチの茎は四角形で、時に枝分かれするが、根元から群がって立つ。５〜８月、茎の先に長さ３〜８センチの花穂をつけ、花は紫色で小さい唇形。ゆがんだ心臓形の苞葉(ほうよう)が花軸に対生してつき、付け根に３個ずつ花をつける。花穂が矢を入れる靭に似ることからの名。

シソ科 

## アキギリ

***Salvia glabrescens* var. *glabrescens***

秋桐、シソ科アキギリ属。本州中部から近畿の主として日本海側に自生する多年草。葉は対生し三角状ほこ形で長い柄がある。草丈20〜50センチ、茎の頂点の苞葉の脇に紅紫色の唇形花をつける。上唇は斜めに立ち上がり、下唇は３裂し中央裂片は大きい。雌しべが長く突き出す。この仲間は日本に10種あり、観賞用はサルビア、薬や香辛料(ハーブ)ではセージと区別する。

シソ科　夏　秋

## キバナアキギリ

*Salvia nipponica var. nipponica*

黄花秋桐、シソ科アキギリ属。本州、四国、九州の山地の林床に自生する多年草。日陰を好む。茎の断面は四角形で高さ20〜40センチ、三角状ほこ形の葉は対生し長い柄がある。花は黄色の唇形で段になってつく。上弁は立ち上がり下弁は突き出して３裂、雌しべが長く突き出る。日本固有種で花期は８〜10月。山道でよく目立つが、最近はあまり見かけなくなった。春の若葉は食用になる。

シソ科　春　夏

## タツナミソウ

*Scutellaria indica var. indica*

立浪草、シソ科タツナミソウ属。アジア東部、南部の温帯域に広く分布し、日本では本州、四国、九州の林のへりや草原に自生する多年草。高さ20〜40センチで、白色の長い毛を密生した茎を立てる。４〜６月、茎の先端に穂状で２列に並び、全て一方を向いた花を多数つける。花は紫紅色で唇形、筒状で長さ18〜22ミリ。一見、根元の曲がった短いきせるのように見える花。

シソ科　夏

## イブキジャコウソウ

*Thymus quinquecostatus var, ibukiensis*

伊吹麝香草、シソ科イブキジャコウソウ属。北海道、本州、四国、九州と朝鮮半島、サハリンに分布。日当たりの良い岩場や砂利地に生える小低木。名は伊吹山に多く、芳香があるため。茎は地をはい群落を作る。葉は対生し、6～8月、枝先に短い花穂をつけ、淡紅色の小花で唇形の花を数段、密につける。ハーブのタイムの仲間。開花時乾燥して薬用、香料に用いる。

シソ科　

## ハマゴウ

*Vitex rotundifolia*

浜栲、シソ科ハマゴウ属。本州から琉球までと、太平洋沿岸を東南アジア、豪州まで広く分布。海岸の砂地で、茎は長く横にはい根を下ろす。枝は角張って30～60センチに立ち上がり葉は対生。7～9月、枝先に青紫色の小花を穂状に多数つけ、漏斗状で5裂し唇形。芳香があり、下唇は大きくて3裂する。実に香気があり、漢方の蔓荊子（まんけいし）として鎮痛、消炎に使用。

シソ科 

## ヒメオドリコソウ

*Lamium purpureum*

姫踊子草、シソ科オドリコソウ属。ヨーロッパ、小アジア原産の帰化植物で2年草。明治中期に入り、極めて繁殖力が強く都市部でも群落をつくる。秋に芽を出し、葉を数枚つけて越冬し、春、根元から四角形の茎を多数立てる。高さ10〜30センチ。対生の葉は密に重なり、五重の塔のような段々に見え、上部は赤紫色を帯びる。花は淡紅色で茎の上部の葉腋に多数つける。

シソ科 

## キバナオドリコソウ

*Lamium galeobdolom*

黄花踊子草、シソ科オドリコソウ属。ヨーロッパ東部から西アジアの日陰の林床、林縁に生えるつる性、常緑の多年草。別名ツルオドリコソウ。赤褐色で角ばった茎が分枝しながら伸びて根を出して広がる。長さ5〜8センチで粗い鋸歯のあるハート形の葉は対生し、銀灰色の斑が入る物が多く作られている。茎上部の葉腋に15ミリ前後の唇形、黄色の花を数個つける。

ハマウツボ科

夏 秋

## ナンバンギセル

*Aeginetia indica*

南蛮煙管、ハマウツボ科ナンバンギセル属。アジアの熱帯から温帯に広く自生する寄生植物。ススキ、ミョウガ、サトウキビなどの根に寄生。茎はほとんど地上に出ず、地際に赤褐色の葉の名残が見える。10〜20センチの花柄を立て、深紅紫色の花をつける。花冠は淡いピンクで筒形、浅く５裂して唇形。寄生し頭を下げて咲くため、別名思い草。万葉集にも出てくる。

### 南蛮煙管
ナンバンギセル

「道の辺の尾花が下の思ひ草今さらになぞ物か思はむ」（万葉集巻10）立ち上がる煙管の柄の部分は花の一部。従って他力によってのみ花を咲かせる横着者。一年草で種子は煙のように細かく軽い。風に乗って広く広がるのだろうがそのわりに河原や土手のススキの群れに頭を突っ込んでみても滅多に見つからない。でも一度見つけると毎年その辺りに生えてくる。栽培は案外簡単で、煙のような種子をススキの根にこすりつけておくと秋には花を立ててくる。鉢づくりならヤクシマススキを用いるとコンパクトで見栄えがする。

サギゴケ科  

## サギゴケ

*Mazus miquelii*

鷺苔、サギゴケ科サギゴケ属。本州、四国、九州に自生。本種をムラサキサギゴケ、白花をサギゴケあるいはサギシバと区別されることもある。苔のように小さく地表をはい、花の形を鷺に見立てた名。田のあぜや湿度の高い草原に生え、根際から横にはう枝を出して広がり、群生する。日当たりを好み４～６月、10～15センチの花茎を出して紫の花を数花つける。グラウンドカバーに適す。

ハマウツボ科 

## ママコナ

*Melampyrum roseum var. japonicum*

飯子菜、ハマウツボ科ママコナ属。北海道南部、本州、四国、九州、朝鮮半島南部に分布する。山地の乾燥したやせ地に自生する一年草の半寄生植物。仲間の分布は広く、自生地や花の小さな差異により多くの種がある。草丈30～50センチで葉は対生、７～９月、花穂を立て、鐘形で紅紫色の花を片側だけにつける。花弁にある二つの白点、種子の形が米粒に似ることからの名。

ハマウツボ科 

## エゾシオガマ

*Pedicularis yezoensis var. yezoensis*

蝦夷塩釜、ハマウツボ科シオガマギク属。本州中部以北、北海道の高山の草地に生える。根元から数本に分かれ、草丈20～50センチの株立ちになり枝分かれしない。葉は狭い三角形で互生し鋸歯がある。8～9月、枝先の葉腋に黄白色で唇形の花を房状につける。上唇は細長くとがりくちばし状、下唇は筒部で直角に曲がり3裂。イネ科の仲間に半寄生するため栽培は不可能。

ハマウツボ科 

## ミヤマシオガマ

*Pedicularis apodochila*

深山塩釜、ハマウツボ科シオガマギク属。本州中部以北、北海道の高山の砂利地や草地に自生。草丈5～20センチと小さいが、鮮やかな紅紫色の花を頂点にまとまってつけるためよく目立つ。茎は直立し白い毛があり、葉は深く裂け小葉はなお深く裂ける。花は20～25ミリで下部が筒状、上部は2裂して唇形。上唇は舟形で先が丸く先端に一対の突起があり、下唇は広がって3裂する。イネ科の仲間に半寄生。

ハマウツボ科　夏

## ヨツバシオガマ

*Pedicularis japonica*

四つ葉塩釜、ハマウツボ科シオガマギク属。本州中部以北、北海道、サハリンに自生。草丈20〜50センチ、高山の草地に生える多年草。葉は4枚が輪生し、羽状に深く裂ける。茎の先端に4個ずつ輪生する花を、段状に数段つける。花は紅紫色で15〜20ミリ。唇形で下部は細い筒状になり上部は2裂。花冠上唇部は細いくちばし状になり、下唇部は広く3裂する。イネ科の仲間に半寄生のため、栽培は絶望的。

オオバコ科 

## ウルップソウ

*Lagotis glauca*

得撫草、オオバコ科ウルップソウ属。アリューシャン、カムチャツカ、千島、北海道に分布。本州には飛騨山脈の白馬岳、雪倉岳と八ケ岳の硫黄岳、横岳に隔離分布する氷河期の生き残り。葉は大きく4〜10センチの広楕円形で艶がある。円筒状の花穂に青紫色の小花を多数つける。島の浜辺に咲くためハマレンゲの別名も。栽培は北海道でも困難とされるため暖地では不可能。

オオバコ科　夏

# トウテイラン

*Veronica ornata*

洞庭藍、オオバコ科クワガタソウ属。近畿、中国の北部海岸に自生する多年草。白い綿毛に覆われ、全体が白く見える。葉は対生、茎は円柱状に直立し30〜60センチ。８〜９月、茎の先に筒状、先端が４裂する青紫色の小さい花を、穂状に多数密につけ、下から咲き上がる。江戸期からの園芸種だが、最近はあまり見ない。花の色を中国、洞庭湖の瑠璃色の水に見立てた名。

## 洞庭藍

トウテイラン

山陰海岸の厳しい冬は雪の下に保護されているが、夏の直射日光下の草原は目が回るほど暑い。しかしそんな場所を好んで生えるこの草もスポーツの名の下にバギー車やオートバイに踏み荒らされて数を減らしている。残念ながら自生地の範囲が狭いこの草、それ以外にも防風林の松が大きくなると光量不足で消えてしまう。この草のために松の枝を切り払い、切り倒すのは自然破壊か。手をこまねいていては元も子もない。絶滅危惧II類。

オオバコ科　春 夏

## キクバクワガタ

*Veronica schmidtiana subsp. schmidtiana*

菊葉鍬形、オオバコ科クワガタソウ属。旧ゴマノハグサ科。北海道、千島、サハリンに分布。母種はミヤマクワガタ（昆虫ではない）で、東北や本州中部の高山にあり、より葉の切れ込みが深く、菊の葉に似ており、花の後の実が武将のかぶとに付ける鍬形に似ることからの名。仲間は北半球に300種、日本には約20種あるとされる。高山の春、唇形で紫、４弁の花がかわいい。

オオバコ科　夏 秋

## クガイソウ

*Veronicastrum japonicum var. japonicum*

九蓋草、別名九階草、オオバコ科クガイソウ属。近畿以北の日当たりの良い高原や山地に自生する多年草。根ぎわから茎が数本立ち上がり、株立ちになる。50～100センチでほとんど枝分かれしない。７～９月、茎の先に淡紫色の小花を、長い穂状に密生して多くつける。花弁は筒状で７～８ミリ、先端が浅く４裂しガクは５裂。３～８枚の葉が輪生し、数層になることからの名。

オオバコ科  

## サンイントラノオ

*Veronica ogurae*

山陰虎の尾、オオバコ科クワガタソウ属。島根県の岩場に自生する多年草で、絶滅危惧種。近畿、四国から、九州に自生するホソバヒメトラノオから、染色体の違いで分けられた。８～９月、約30センチの茎の先に、青紫から紅紫色の小花を穂状につける。日当たりを好み、作りやすく、ほふく根を伸ばして増えるが、実生でも挿し芽でも増やせる。茎が細く鉢作りでは支柱が必要。

オオバコ科 

## ルリトラノオ

*Veronica subsessilis*

瑠璃虎の尾、オオバコ科クワガタソウ属。本州伊吹山の固有種。切り花として観賞用に栽培される多年草。茎は円柱状で、分枝せず草丈90センチに達する。花期は７～８月、先端10～20センチは花穂で多数の青紫の花をつける。花冠は８～10ミリで深く４裂する。日当たりを好み作りやすいが、暑さには少し弱く、夏は遮光が必要。梅雨時、茎を10センチばかり切って挿し芽をして増やす。

オオバコ科 

## ヒメルリトラノオ

*Veronica spicata*

姫瑠璃虎の尾、オオバコ科クワガタソウ属。ヨーロッパから北へ、中央アジアの草原や山岳地帯の森林まで自生し、6～8月、青紫色の花穂を立てる。小さな花の集まりの花穂を虎の尾に見立てた名。学名スピカータは「穂状」の意。日向を好み育てやすい。秋には紅葉し、鉢作りだけでなく、グランドカバーとしても利用価値がある。

セリ科 

## ハマボウフウ

*Glehnia littoralis*

浜防風、セリ科ハマボウフウ属。カムチャツカ、サハリンから日本全土、南西諸島まで広く自生。海浜植物に共通し根は深くゴボウ状。根も地下茎も黄色を帯びる。茎は短く10センチ前後。葉は砂上に広がり厚く羽状で鋸歯（きょし）がある。5～7月、白い小花を多数密生し玉状に。葉が刺し身のつまとなり、根は漢方の北沙参（ほくしゃじん）としてせき止め、解熱用。

スイカズラ科 夏 秋

## オミナエシ

*Patrinia scabiosifolia*

女郎花、スイカズラ科オミナエシ属。北海道から九州まで、朝鮮半島、中国、シベリアの、日当たりの良い山地の草原に生える。根茎が太く横に伏して、茎は直上し、60〜80センチ。晩夏から秋にかけて茎の上部で分枝し、径3〜4ミリの黄色の小花を多数つける。万葉の時代から愛され栽培されて、切り花にも用いられる。秋の七草の一つ。

スイカズラ科 夏 秋

## オトコエシ

*Patrinia villosa*

男郎花、スイカズラ科オミナエシ属。北海道から奄美大島まで全土、朝鮮半島、中国、シベリア東部まで自生する。茎は直立し1メートル。姿形はオミナエシに似るが、花は白くたくましいため男性に見立てた。株元からツル枝を伸ばした先に新株ができる。8〜10月、茎の上部で分枝し、径3〜4ミリの5弁花を多くつける。飢餓の時は葉を食べた。救荒食物。

スイカズラ科  

# マツムシソウ

*Scabiosa japonica var. japonica*

松虫草、スイカズラ科マツムシソウ属。日本全土の日当たりの良い山地や高原、丘陵に生える2年草。枯れる秋には既に翌年の苗が育っている。草丈60～90センチで対生して分枝、葉は羽状で深く裂ける。8～9月、長い花茎を出して先端に径3～5センチの紫色、小花の集合体をつける。外側だけが大きく花びらの役割をする。丸い実が諸国巡礼者が鳴らす松虫鉦に似ることからとも。

キキョウ科 

# イワシャジン

*Adenophora takedae var. takedae*

岩沙参、キキョウ科ツリガネニンジン属。本州中部、関東西部の亜高山、やや湿度のある岩場に自生。日本特産。太い根茎を持つ。20～50センチの茎を斜めに立ち上げ、細い茎の先端に青紫色で釣り鐘形、先端が5裂する花が岩から垂れ下がる。別名イワツリガネソウ。花期は残暑の9～10月、繊細で涼しい雰囲気で好まれるが、夏に弱く暑さで葉が枯れ込み、栽培には工夫が必要。

キキョウ科

## ツリガネニンジン

*Adenophora triphylla var. japonica*

釣鐘人参、キキョウ科ツリガネニンジン属。サハリン、南千島から日本全土を経て台湾、中国の山地の傾斜地や林縁、草地に生える。草丈40～90センチ、茎葉は鋸歯が多くは輪生だが、時に互生や対生になる。8～10月、青紫色で釣鐘形の小花を輪生状に数段うつむきにつける。花の形と白く太い根を朝鮮人参に見立てた名。若芽はトトキと呼ばれ山菜として喜ばれる。

キキョウ科

## イワギキョウ

*Campanula lasiocarpa*

岩桔梗、キキョウ科ホタルブクロ属。本州中部以北、北海道、千島、サハリン、アリューシャン、カムチャツカ、アラスカの高山帯で、砂利地や湿性の崩れた山の斜面に自生。地下茎が分枝し群生する。花茎は高さ7～15センチで葉には鋸歯があり互生するが、根葉はロゼット状に束生。7～8月、茎の上に紫色で先の広い鐘形で5裂した花をつける。純粋な高山植物で暖地での栽培は困難。

キキョウ科  

## チシマギキョウ

*Campanula chamissonis*

千島桔梗、キキョウ科ホタルブクロ属。本州中部以北、北海道、千島、サハリン、アリューシャン、カムチャツカ、アラスカの高山帯の砂利地や崩れた傾斜地に自生。根茎が走り群生する。ロゼット状の根生葉が7～10枚、ヘラ形で細かな網目の葉脈がある。7～8月、5～10センチの花茎を立て、長さ3センチ、紫色で内側は薄紫の花を少しうつむきにつける。夏の工夫でなんとか作れる。

キキョウ科 

## ホタルブクロ

*Campanula punctata var. punctata*

蛍袋、キキョウ科ホタルブクロ属。北海道、本州、四国、九州、朝鮮半島、中国の林縁や田んぼの土手などに群生。葉は長卵形で互生、鋸歯がある。6～7月、30～80センチで直立した茎の先に円筒形の花をつける。兵庫県内ではほとんど白花だが淡い紅紫色も。名は、ちょうちんの古名火垂（ほたる）からか、花に蛍を入れたからか。

## 蛍袋
ホタルブクロ

名前の由来だが、袋は問題ないが「ほたる」がまず「穂垂る」で、条件が良ければ花の数が5～6はザラで「穂のように花が垂れ下がる」。また「火垂る」で「提灯」、「チョウチンバナ」「トウロウバナ」と呼んでいるところもあるし東北地方の一部では提灯のことを「火垂る袋」と呼んでいたと言う。あるいは子供が蛍を捕まえてこの花の中に入れて遊ぶ、あるいは持ち帰る等これが一番ありそうで有力なのだが、花の中の蛍が闇の中でピカピカ点滅している光景が幻想的で素直な気がする。

キキョウ科 

# ヤマホタルブクロ

*Campanula punctata var. hondoensis*

山蛍袋、キキョウ科ホタルブクロ属。東北南部から近畿東部に自生。一見ホタルブクロと見分けにくいが、5裂するガク片の間の、反り返る付属体がないことで区別。花は紅紫色だが白花もあり、乾燥地で10～20センチで咲いていたのが印象的。学名のカンパヌラは花の形から鐘、プンクタータは斑点があるの意。花期は6～8月。

キキョウ科　夏

## イシダテホタルブクロ

*Campanula punctata var. kurokawae*

石立蛍袋、キキョウ科ホタルブクロ属。徳島、高知両県の県境にある石立山の固有種。頂上付近の石灰岩の斜面に自生する。急で厳しい登山道を、あえぎながら登ったが、残念ながら会えなかった。さして広くない頂上付近で、自生もごくわずかだったのだろうか。草丈10～15センチと大きくならない種だが、最近は20～25センチのものも出回っている。花期は６～７月。

キキョウ科 

## ヤツシロソウ

*Campanula glomerata subsp. speciosa*

八代草、キキョウ科ホタルブクロ属。九州・阿蘇火山帯の草原に自生。朝鮮半島、中国東北部、シベリア東部に分布、大陸の遺存植物と言われている。草丈40～80センチ、直立し、葉は互生で鋸歯がある。７～８月、紫色の花を頭状に集まって10個ほど上向きにつける。花茎２センチで細い鐘形、上部が５裂する。熊本県八代から付いた名。

キキョウ科  

## キキョウ

*Platycodon grandiflorus*

桔梗、キキョウ科キキョウ属。日本全土の日当たりのいい山野に自生。国外では朝鮮半島、中国東北部に広く分布。秋の七草。観賞・薬用に栽培される。葉は互生、時に枝分かれするが、茎の先端に７～10月、紫色で５裂した広い鐘形の花をつける。草丈50～100センチだが、北海道アポイ岳の物は矮性（わいせい）で30～40センチ。せきや喉の痛みに根茎を用い、韓国では食用にする。

キキョウ科  

## サワギキョウ

*Lobelia sessilifolia*

沢桔梗、キキョウ科ミゾカクシ属。東アジアの温帯の湿地に広く分布。日本では北海道、本州、四国、九州の山野の湿地に自生。根茎が太く横にはい群生する。茎は中空で50～100センチ、枝分かれしない。葉は互生し、ササの葉形で鋸歯がある。８～９月、濃紫色で大きく裂けた唇形の花をつけ、上弁２裂、下弁３裂。開花すると花粉を出し、後に雌しべが発達する。毒草。

キキョウ科

## オガワギキョウ

*Campanula 'Ogawa gikyou'*

小川桔梗、キキョウ科ホタルブクロ属。チシマギキョウの選別種であるオヨベギキョウと、四国のイシダテホタルブクロとの人工交配種。両種の良いとこ取りで美しく、コンパクトで多花性。愛媛県在住の小川聖一氏の作出で、自然界には無い草。6～7月、草丈10～20センチ、青紫色で深い釣り鐘形の花を下向きにつける。山野草として、より作りやすく、美しい花を目指しての交配種。

キキョウ科

## カナリーキキョウ

*Canarina canariensis*

キキョウ科カナリナ属。北大西洋カナリア諸島固有の半つる性植物。秋から春に成長し夏は葉が枯れて休眠。日当たりを好みやや寒さに弱いが、関東以西の暖地では2年目からは屋外で育つという。葉は矛形から心臓形、縁が波打つ。4～7月、細長いガクが6本平開し釣り鐘形で径3～6センチ、濃色の筋が入り鮮やかなオレンジ色の花をつける。1花が1週間ほども咲き、長く楽しめる。

キキョウ科　夏

## ハタザオギキョウ

*Campanula rapunculoides*

旗竿桔梗、キキョウ科ホタルブクロ属。1920年代、大正期に持ち込まれたヨーロッパ、西アジア原産種。旗竿のように真っすぐ立ち上がり、50～80センチ。分枝せず、茎の上部３分の２にびっしり花をつける。花期は６～７月、淡紫紅色から藤色で花径２センチ、先端が５裂する。丈夫で作りやすく、花が全て結実し種子になるため、逃げ出して野生化することも。初心者向き。

キキョウ科

## イトシャジン

*Campanula rotundifolia*

糸沙参、キキョウ科ホタルブクロ属。北アメリカ、シベリア、ヨーロッパなど北半球に広く分布。名の通り茎が糸のように細くきゃしゃで弱々しい。草丈20～40センチだが上部で枝分かれし、時にほふくして広がる。地下茎が伸びて増えるが、夏の暑さに少し弱く涼しく管理する。５～８月、つぼみは上を向き、開くと下を向く、淡青紫色で鐘形の花をつけ、数は多くないが長く咲く。

ミツガシワ科 

## ミツガシワ

*Menyanthes trifoliata*

三槲、ミツガシワ科ミツガシワ属。主に北日本の池や沼に群生する多年性水草で一属一種。北半球の寒冷地に広く分布。氷河期の遺存植物で、近畿、中国、九州にも隔離分布がある。３枚の小葉からなり、小葉は卵形で鋸歯があってカシワの葉に似ることからの名。４～８月、20～30センチの花茎を立て、淡紫色を帯びた白花を穂状につけ咲き上がる。花は深く５裂し白毛を密生する。

ミツガシワ科 

## アサザ

*Nymphoides peltata*

浅沙、阿佐々、ミツガシワ科アサザ属。本州、四国、九州、およびユーラシア大陸の温帯地域に分布。池や沼に生え根茎は水底の泥の中をはう。葉は長い柄があり卵形から円形で深く切れ込み水面に浮かぶ。６～８月、数本の花茎を出し３～４センチの黄花をつける。雌しべが長く雄しべが短い花と、雌しべが短く雄しべが長い花があって、異なる花型しか受粉しない。水質浄化機能がある。

ミツガシワ科　夏

## ガガブタ

*Nymphoides indica*

鏡蓋、金銀蓮花、ミツガシワ科アサザ属。本州、四国、九州、東南アジア、オーストラリア、アフリカなど、熱帯から暖帯の沼や池に生える水草。茎は細く長く、水底の泥の中に根を下ろし立ち上がる。葉は円心形で７〜20センチ、水面に浮かぶ。７〜９月、葉柄の基部から多数の花茎を伸ばし、先端に径15ミリほどの白花をつける。中心部は黄色、５裂した花弁は縁が糸状に細く裂ける。

キク科　秋

## エンシュウハグマ

*Ainsliaea dissecta*

遠州白熊、キク科モミジハグマ属。静岡県西部と愛知県に自生する多年草で日本固有種。根は長く伸び節がある。茎は枝分かれせず直立し20〜30センチ。下部に手のひら状で長い柄があり、深く裂けた葉を輪生状につける。９〜10月、茎の上部に筒状の花を穂状に多数つける。一見15枚の花弁に見えるが、細く５裂し裂片が反曲する３花の集合体で、白から淡紅色。名は遠州に多いため。

キク科 秋

## テイショウソウ

*Ainsliaea cordifolia var. cordifolia*

禎祥草、キク科モミジハグマ属。千葉県以西、近畿南部と四国高知県の太平洋側に自生する多年草。山地の林床や草原に生える。茎の下部に輪生に見える葉が４～７枚、葉柄があって細い卵形で先がとがり、縁に波状の鋸歯があって白か紫の斑が入る。９～11月、花茎の先に片寄った筒形で白い花をつけるが、細く５裂した花弁の３花の集合体。六甲山にも多い。

キク科  

## ウサギギク

*Arnica unalaschcensis var. tschonoskyi*

兎菊、キク科ウサギギク属。高山の砂利地や草原に生える多年草。本州中部以北、北海道、千島、カムチャツカ、アリューシャンに自生。下葉はへら形で対生し小さな鋸歯がある。一対の長い葉を兎の耳に見立てた名。草丈20～30センチ、７～８月、先端に４～５センチの明るい黄花をつける。筒状花の周りに舌状花が一重に並び、先端が３～５裂。別名キングルマ、ヒマワリに似る。

キク科 秋

## クルマギク

*Aster tenuipes*

車菊、キク科シオン属。和歌山県熊野川流域だけに自生する多年草。川岸の崖や岩場に生える。根元のヘラ形、ロゼット状の葉は花時には消える。30～80センチの茎が虎の尾状に垂れ下がり、５～10センチで細く先端がとがり、まばらに鋸歯のある葉が互生。８～10月、茎の上部で多数分枝して白色、径15～20ミリの花を多数つける。自生範囲が狭く個体数も少ない。絶滅危惧ＩＢ類。

キク科  

## ハコネギク

*Aster viscidulus var. viscidulus*

箱根菊、キク科シオン属。別名ミヤマコンギク。本州中部地方、箱根を中心に富士火山帯のやや標高の高い山地に多い。地下茎は横にはい群生する。茎に軟短毛が密生し30～60センチ、上部で分枝する。葉はやや硬く長卵形で先がとがる。花時には基部の葉はない。８～10月、先端に径２～３センチの花をつける。周りの舌状花は白から淡紫色、中心の筒状花は黄色。花の下部が粘る。

キク科  

## タカネコンギク

***Aster viscidulus var. alpinus***

高嶺紺菊、キク科シオン属。本州中部の南アルプス、中央アルプス、上信越の高山帯に生える。箱根を中心に自生するハコネギクの高山型変種とされ、花の根元総苞(そうほう)に触れると粘る。茎の先端に花を一つだけつけ、花の色は淡紫色でハコネギクよりやや濃い物が多い。花茎20～25ミリ、花期は7～9月。草丈40～60センチ、互生する葉はまばらに荒い鋸歯がある。

キク科 

## ダルマギク

***Aster spathulifolius***

達磨菊、キク科シオン属。中国地方の日本海側から九州、朝鮮半島、ウスリーおよび隠岐、対馬、壱岐、五島列島、男女群島など離島にも自生。海岸の岩上などに生え、葉は肉厚で乾燥に強く、立ち上がらず横に広がる。全身毛深く手触りが優しい。生え替わった冬芽はそのまま冬を越す半常緑性。10～11月、径35～40ミリの青紫色で美しい花をつける。江戸末期から栽培されている。

キク科

## ノコンギク

*Aster microcephalus var. ovatus*

野紺菊、キク科シオン属。北海道、本州、四国、九州に分布。林縁、田や畑のあぜ、河原、土手、都市近郊まで自生し日当たりを好む。日本特産で広く自生し、よく似たヨメナとともに日本を代表する野生菊。茎は横にはい大株になる。草丈50～100センチ、花時には根生葉はなく、茎葉は触れるとざらつく。花茎20～30ミリ、白から薄紫、中央の筒状花は黄色で花期は８～11月。

キク科

## ヤマシロギク

*Aster semiamplexicaulis*

山城菊、キク科シオン属。別名田舎菊。本州の東海以西、四国、九州の主に太平洋側に生える多年草。地下茎が地表近くを横走し群生する。草丈30～100センチ、全体に白毛を密生し、触るとビロードの感覚。互生する葉は長楕円形で鋸歯がある。８～11月、上部で分枝し多数の花をつける。花茎15ミリ前後で舌状花は白、まれに淡紅紫色。中心の筒状花は黄色で短い。

キク科　夏　秋

## ヨメナ

*Aster yomena var. yomena*

嫁菜、キク科シオン属。本州中部以西、四国、九州に分布。日当たりの良い湿地や野原、水田のあぜに自生。葉は互生してやや分厚くつやがあり、粗い鋸歯を持つ。茎は短毛があり50～120センチ。上部で枝を出し、7～10月、径25～35ミリ、舌状花は淡紫色、時に白色の花をつける。オオユウガギクなどと区別しにくいが、よく親しまれ、戦中戦後食用にした記憶がある。

キク科　春　夏

## シュンジュギク

*Aster savatieri var. pygmaeus*

春寿菊、キク科シオン属。ミヤマヨメナの変種で園芸種ミヤコワスレの仲間。本州近畿以西、四国の沢の源流や湿った林床に生える多年草。蛇紋岩地帯に生え小形化したといわれる。葉柄が長く、やや円形の葉は両側に２～３の切れ込みがある。４～７月、葉の間から花茎を立て、２～３枚の小葉を互生し、舌状花は白色、中心の筒状花は黄色。春に咲き花期が長いことからの名。

キク科 

## オケラ

*Atractylodes ovata*

朮、キク科オケラ属。本州、四国、九州、朝鮮半島、中国東北部の日当たりの良い、乾いた草地や林縁に自生。花を囲む苞葉が羽状、魚の骨を並べたようで人目を引く。草丈30～100センチ。若葉は綿毛をかぶり柔らかく山菜として人気がある。根は健胃、整腸、利尿、鎮痛に用いられ、薬効から派生して無病息災の祈願に用いられた。9～10月、白から淡紅色の筒状花をつける。

## イソギク

*Chrysanthemum pacificum*

磯菊、キク科キク属。本州千葉県の犬吠埼から静岡県の御前崎の間と、伊豆諸島、南は鳥島まで自生。海岸の厳しい岩場に生える。葉は倒卵形で密に互生、縁と裏に銀白色の毛があって白く見える。草丈20～40センチ。10～11月、先端にまとまって筒状花ばかりの黄花を多数つける。野生種がそのまま園芸品として流通しており、逃げ出したり交雑したりで似た物が各地で見られる。

キク科 

# コハマギク

***Chrysanthemum yezoense***

小浜菊、キク科キク属。北海道南部、本州竜飛岬から茨城県までの海辺の岩上や草地に自生。地下茎が横にはい、倒卵形さじ形で浅く５裂する葉が、紫色を帯び軟毛がある茎に互生。９～10月、10～40センチの茎の先端に径５センチの花をつける。舌状花は白色でごくまれに淡紅紫色、古くなると紫紅色を帯び、中心の筒状花は黄色。大形で木質化するハマギクと比べ小形なために付いた名。

## 小浜菊

コハマギク

菊科は世界中に２万種、日本には350種と外国からの帰化が約100種あると言われ大家族であるとともに双子葉植物中で最も進化した種属らしい。野生の野菊は一本一本はあまり目立たないが、よく見ると大変美しく風情があって、特に秋の浜辺にはハマギク・コハマギク・イソギク・ノジギク・ピレオギクそれに属は異なるがハマベノギク・ダルマギク等々群れをなして咲く美しいものが多い。中でもコハマギクはコンパクトで鉢植えには最も好まれている。

キク科

## ピレオギク

*Chrysanthemum weyrichii*

ピレオ菊、キク科キク属。北海道、サハリンの主に日本海側に自生する多年草。名のピレオはサハリン西岸の地名（ホロコタン幌渓のロシア名）から。別名エゾソナレギク。草丈10～30センチ。８～10月、花茎３～５センチ、白から淡紅色の花をつける。イワギク、コハマギクによく似るが、互生する葉が厚く光沢があり、羽状に深く裂けるため見分けられる。環境省絶滅危惧Ⅱ類。

キク科

## シマカンギク

*Chrysanthemum indicum var. indicum*

島寒菊、キク科キク属。本州の近畿以西、四国、九州、朝鮮半島、中国、台湾に分布。別名アブラギク。江戸時代この花を油に浸して傷薬にしたこともあり、また島より海岸や川岸に多いため、油菊と呼ぶのを薦めたという。茎は30～80センチに立ち上がり、葉は卵円形で先端５裂、縁は鋸歯があり互生。舌状花は平開し中心の筒状花が多数ついていずれも黄色。薬用に用いる。

キク科 

## サツマノギク

*Chrysanthemum ornatum var. ornatum*

薩摩野菊、キク科キク属。鹿児島、熊本両県の主に海岸に自生する常緑の多年草。日当たりを好む。地下茎が横走し分枝して群生、草丈25～50センチ。葉は互生し羽状でやや手のひら状に中裂、縁が白く裏は銀白色の毛が密生。10～12月、上部から花茎を出して多数の頭花をつける。花茎4～5センチ、舌状花は白色、まれに淡紅色を帯びる。中央の筒状花は黄色。園芸ギクの原種の一つ。

キク科 

## ノジギク

*Chrysanthemum japonense var. japonense*

野路菊、キク科キク属。兵庫県以西、四国、九州の瀬戸内および太平洋側の海岸付近の岩場や崖、山の麓に生える多年草で兵庫県の県花。名付け親は牧野富太郎博士。草丈60～90センチで基部は倒れて地をはう。葉は3～5裂し互生、裏に灰白色の毛がある。上部で多くの枝を出し、10～11月、舌状花は白まれに黄色で中央の筒状花は黄色、径3センチほどの花をつける。園芸種の小菊の親とされる。

キク科  

## リュウノウギク

*Chrysanthemum makinoi*

竜脳菊、キク科キク属。本州の宮城、新潟両県より南、四国、九州は宮崎県の、日当たりの良い岩場や林縁に生える多年草。根は細長く木質化する。茎と葉裏に灰褐色の毛が密生。葉は卵形から広卵形で互生し３～５裂。草丈30～80センチ、10～12月、茎の上部で分枝し、径３～５センチの花をつける。20枚ほどの舌状花は白色で先が浅く３裂、古くなると淡紅色になる。中心の筒状花は黄色。

キク科  

## ノアザミ

*Cirsium japonicum*
*var. japonicum*

野薊、キク科アザミ属。本州、四国、九州の山地の荒れ地や原野に自生。根は地中を横にはい、草丈50～100センチ、全体に白毛を帯びる。茎葉は互生、長楕(だ)円(えん)形で羽状に中裂し先端がとげになる。５～８月、茎の先端や葉腋(ようえき)から花茎を出し、枝の先端に直立して、紫から紫紅色の花をつける。花径４～５センチで舌状花はない。春咲きのアザミはこの種だけで分かりやすい。

キク科  

## ハマアザミ

*Cirsium maritimum*

浜薊、キク科アザミ属。伊豆半島、伊豆七島以西、四国、九州の太平洋岸の砂浜に自生する多年草。光沢のある鮮緑色の葉はやや分厚く互生、深い切れ込みがあり､縁には多数のとげがある。茎は根元から分枝し30～40センチになる。7～10月､上部で短く分かれ、先端に数花を上向きにつけ、筒状花が多数集まり紅紫色。長い根と葉が食用になり、根はゴボウに似ることからハマゴボウ（浜牛蒡）の名もある。

キク科  

## フジアザミ

*Cirsium purpuratum*

富士薊、キク科アザミ属。東北地方南部から関東、北陸、中部地方の亜高山の砂利地や草原に生える大形の多年草で日当たりを好む。根生葉は長大で50～70センチの狭楕円形、羽状に中裂し強い刺針があって先がとがり、両面に細毛がかぶる。茎葉は互生。8～10月､20～80センチの茎の上に､細い筒状花が集まって球状になる大きな花をつける。小花は細く5裂し紅紫色。名は富士山周辺に多いため。

キク科 

## ミヤマアズマギク

*Erigeron thunbergii subsp. glabratus*

深山東菊、キク科ムカシヨモギ属。本州中部以北、北海道、朝鮮半島北部、千島、カムチャツカ、シベリアに自生。白馬岳、早池峰山など超塩基性岩地の高山帯に多い。ヘラ形の根生葉に10～30センチの花茎を立て、中心の筒状花が黄色、回りは紅紫色で線形の舌状花。花径３センチ。自生地では７～８月、育てると４～５月だが栽培は困難。抗火石に植え込み、乾燥気味に作るとなんとか。

キク科  

## ヒヨドリバナ

*Eupatorium makinoi*

鵯花、キク科ヒヨドリバナ属。北海道、本州、四国、九州と東アジアに広く分布。大形で１～２メートルになる多年草。茎には縮れ毛がありざらつく。縮れた短毛がまばらにつく薄い葉は、卵状楕円形から長楕円形、縁には鋭い鋸歯がある。８～10月、上部の枝先に白色、まれに紫を帯びる多数の頭花を房状につける。ヒヨドリが鳴く頃に花をつけることからの名という。

キク科　秋 冬

## サケバヒヨドリ

*Eupatorium laciniatum*

裂葉鵯、キク科ヒヨドリバナ属。本州関東地方以西、四国、九州に自生。日本固有種。里山の林縁や林道沿いに生える。太い地下茎が横にはい、大形で丈60～100センチ。９～11月、先端に枝を分けて多数の頭花をつける。１花は淡紫紅色の筒状花が５個つき、長さ６ミリほどで先端が５裂。対生する葉は葉柄があり５～10センチ、深く３裂し、さらに粗く裂け、鋸歯がありざらつく。

キク科　夏 秋

## サワヒヨドリ

*Eupatorium lindleyanum var. lindleyanum*

沢鵯、キク科ヒヨドリバナ属。日本全土に自生し、中国から東南アジアにかけ広く分布。日当たりの良い湿地を好み、やや大形で40～90センチ。枝分かれせず上部は毛が密生する。葉は細長く先がとがり、不規則な鋸歯があって3本の脈が目立つ。8～10月、茎先に白から淡紅紫色の頭花が多数集まってつく。１花は先端が５裂し筒状の小花が５個つき、２裂する花糸が白く目立つ。

キク科  

# フジバカマ

***Eupatorium japonicum***

藤袴、キク科ヒヨドリバナ属。秋の七草の一つ。全体に良い香り（クマリン）があり、コウソウ（香草）の別名がある。本州、四国、九州の川岸や草原に自生。奈良時代に中国や朝鮮半島から渡来し、帰化したとされる。地下茎は横に長くはい、草丈1メートル前後で光沢があり、鋭い鋸歯のある葉が対生する。8～9月、枝の先に径5ミリ前後、淡紫紅色の小花を房状に多数つける。

キク科

# ツワブキ

***Farfugium japonicum var. japonicum***

石蕗、キク科ツワブキ属。本州の福島と石川両県以西、四国、九州から南西諸島までと朝鮮半島、中国東南部、台湾に分布。海に近い林床や山地の日陰に多い。20～50センチの葉柄、葉は腎臓形で厚くつやがある。10～12月、50～80センチの花茎を立て、分枝して5～10花つける。径4～5センチで黄色、中心の筒状花も黄色で古くなると褐色に。葉をあぶって腫れ物の治療に用いるという。

## 石蕗
ツワブキ

残雪の中から可愛く頭を出すフキノトウ（蕗の薹）、ほろ苦い春の味だが同じ名の蕗でも少し属が異なる。葉は硬く常緑で花も全く違うが西日本の一部や奄美、沖縄では若葉を塩ゆでなどにして食べられている。園芸植物として好まれ、葉に斑が入るものもあり日本庭園の石組みや木の根元などに使われている。

キク科  

# ウスユキソウ

***Leontopodium japonicum var. japonicum***

薄雪草、キク科ウスユキソウ属。仲間はユーラシア大陸の高山や寒地に60種ほどある。ヨーロッパアルプスにはエーデルワイス１種のみ。日本には基本７種があるとされる。本州、四国、九州、中国に分布するが、大半は中国四川省、雲南省、ヒマラヤにある。環境や地方名が多くあり、写真は白馬岳八方尾根のもので、ハッポウウスユキソウと呼ばれ、葉が斜上するのが特徴。

## 薄雪草

ウスユキソウ

エーデルワイス（高貴な白）、アルプスの星として登山家のシンボルでスイスやオーストリアの国花でもあるが、雷除けの草と信じられている地方もあるとか。映画「サウンド・オブ・ミュージック」で歌われる歌は日本でも親しまれている。学名のレオントポディウムはライオンの足の意で、なるほど花の形が猫の足の裏に似ていないでもない。

キク科

## コマウスユキソウ

*Leontopodium shinanense*

駒薄雪草、キク科ウスユキソウ属。長野県、中央アルプス木曽駒ケ岳周辺特産。山頂の尾根筋に自生し、日本の仲間では最も小さく、作りにくい。別名ヒメウスユキソウ、草丈10センチ。花のように見える苞葉(ほうよう)は、白い綿毛をかぶり、薄く積もった雪に例えた名。最近増えたように思ったが、宝剣岳の岩場で、割れ目に引っ掛かるように咲いていた株が印象に残る。

キク科

## レブンウスユキソウ

*Leontopodium discolor*

礼文薄雪草、キク科ウスユキソウ属。北海道、サハリンに自生するエゾウスユキソウと同種であるがなぜか礼文島に自生する本種が好んで作られる。花は茎頂に小さく密につけ、周りに星状の苞葉があり、花のように見えて美しい。この仲間、みんなよく似ており、中には区別が難しい物もある。ほとんどが高山帯や寒地に自生し、概して作りにくい。

キク科  

## オタカラコウ

*Ligularia fischeri*

雄宝香、キク科メタカラコウ属。東北地方以南、四国、九州、サハリン、シベリア、中国、朝鮮半島に自生。亜高山の湿地や渓流沿いに生える。50～150センチの大形多年草。地下茎が太く横に寝て直立する茎は中空。7～10月、茎の先に黄花を穂状につける。径4～5センチ、筒状花の周りに5～9枚の舌状花がつく。乾燥葉をせき止め、利尿に用い、韓国では若葉を食用にする。

キク科 

## メタカラコウ

*Ligularia stenocephala*

雌宝香、キク科メタカラコウ属。本州、四国、九州と、中国、台湾の湿地に自生。茎は直立し50～100センチで分枝せず、赤紫色を帯びる。葉は心臓形でとがり食用に。舌状花は1～3枚で中に5～7の筒状花が集まる。花期は6～9月。タカラコウの名は、根の匂いがお香の竜脳香に似ることから。オタカラコウに似て少し小さく優しいためメタカラに。鉢で作り込むと小さく育つ。

キク科 

## ハマギク

*Nipponanthemum nipponicum*

浜菊、キク科ハマギク属。青森県から茨城県の太平洋側海岸の岩場、崖に群生する。日本の菊では珍しく茎が完全に木質化し低木になる。キク属から分けられて１属１種、日本固有種。葉はヘラ形で先端に鋸歯があり、互生し表面は光沢がある。９～11月、茎の上部から分枝し、枝の先に径６～８センチ、舌状花は白、筒状花は黄色の花をつける。江戸期から愛培されている。

キク科 

## コウヤボウキ

*Pertya scandens*

高野箒、キク科コウヤボウキ属。東北南部以西の太平洋側、四国、九州のやや乾いた林床や山地の半陽地に生える草状の落葉小低木。茎は60～100センチ。広卵形で低い鋸歯のある葉がまばらに互生。９～10月、枝先に白い花をつける。下部は瓦状の苞（ほう）が円筒状になり、筒状花ばかりが10～15個つく。花弁は細長く外に巻き、雄しべが突出する。高野山でほうきに使ったことからの名。

キク科 

## ヒゴタイ

*Echinops setifer*

平江帯または肥後躰、キク科ヒゴタイ属。東海、中国、四国、九州および朝鮮半島南部で隔離的に分布する多年草。大陸と地続きだった頃の名残の植物といわれる。日当たりの良い草原を好む。茎は太く直立し約１メートル、先端に瑠璃色の小花を多数集めて球状になる。全体に白毛が生え、根生葉は長い柄があって羽状に深く裂け、刺針状の鋸歯（きょし）があり、茎葉は互生する。

キク科 

## ヤブレガサ

*Syneilesis palmata*

破れ傘、キク科ヤブレガサ属。本州、四国、九州、朝鮮半島に自生。粗い鋸歯のある切れ込んだ葉の裏は白色を帯びる。朝鮮半島ではなお細く深く切れ込むものが多い。夏に白い筒状の花をつけるが、花には観賞価値がなく、なるべく花を咲かせないように作る。４月中ごろの芽出しの姿からの名で、高さ30〜60センチになるが、愛らしい姿が茶花としても人気がある。

キク科

## アキノキリンソウ

*Solidago virgaurea subsp. asiatica var. asiatica*

秋の麒麟草、キク科アキノキリンソウ属。北海道、本州、四国、九州と朝鮮半島の日当たりの良い山地に自生する多年草。茎は直立し細毛があり丈30～60センチ、葉は互生で裏が白っぽく縁には先のとがった鋸歯がある。８～10月、茎の先端および葉腋(ようえき)から花茎を出して、穂状に多数の花をつける。数枚の舌状花は雌性、中心の筒状花は両性。花径は１センチほどで黄金色。

キク科

## アオヤギバナ

*Solidago yokusaiana*

青柳花、キク科アキノキリンソウ属。本州、四国、九州、沖縄まで広く分布するが日本固有種。日当たりの良い渓流沿いや岩上に自生。茎は15～40センチで上部に細毛がある。葉は密につき裏面は葉脈が強く隆起。根生葉は花時には消える。８～10月、花茎を出して15ミリほどの黄花を穂状に多数つける。舌状花は数枚、筒状花は多数で径15ミリ。細く鋭くとがる葉を柳に見立てた名。

キク科 

## カンサイタンポポ

*Taraxacum japonicum*

関西蒲公英、別名ツヅミグサ、古名フジナ、キク科タンポポ属。近畿地方、中国地方、四国の一部、九州に自生するが、セイヨウタンポポと交雑したり、追いやられたりして少なくなっている。タンポポの名は鼓から来ているらしく、江戸時代以降、古典園芸として栽培されていた。漢方薬では根が健胃、利尿に、また催乳効果があるとされる。種子は綿毛で風に吹かれて飛び散る。

キク科  

## シロバナタンポポ

*Taraxacum albidum*

白花蒲公英、キク科タンポポ属。関東地方以西、四国、九州に自生し、西に行くほど多い。花は白からクリーム色で中心部は黄色。日本在来種だが、セイヨウタンポポのように花の下の苞（ほう）（つぼみを包んでいた葉）が反り返る。日本にはタンポポの種類が20種ほどあるが、この種も温暖化で東へ広がっていると言われていて、北海道で見つかったとの話もある。

キク科 

## コオニタビラコ

*Lapsanastrum apogonoides*

小鬼田平子、キク科ヤブタビラコ属。本州、四国、九州と朝鮮半島、中国に自生する越年性一年草。低地の田のあぜや畑に生える。根生葉は大きく茎葉は小さく互生し、いずれも羽状に切れ込む。花は黄金色で舌状花ばかりが10枚ほど。径7ミリ前後で花弁の先端が浅く鋸歯状に5裂し、日を受けて開く。花期は3～5月、若芽を食用にする。春の七草のホトケノザはこの種。

キク科  

## クキナシアザミ

*Carduncellus rhaponticoides*

茎なし薊、キク科カルドンセルス属。アフリカ北西部、モロッコからアルジェリアの極乾燥地帯に自生。4～6月、ロゼット状の葉の中央にライラック色の花をつける。葉は30センチになり、茎のない花は径5センチ。標高1800メートルで日陰もない、非常に厳しい環境に順応した姿。栽培はやや難しいが、寒さは氷点下15度まで耐え、乾燥には非常に強い。冬に乾燥気味で肥培する。

キク科 

## コガネグルマ

*Chrysogonum virginianum*

黄金車、キク科クリソゴヌム属。北米東部～東南部の明るい山地の林縁から海岸まで広く分布。１属１種で北米固有種。地下茎でよく増える。葉は卵形でやや切れ込みがある。草丈15～30センチで花期５～６月。舌状花が５枚、星形で黄色の花をつける。耐寒性があり強健なためグランドカバーにも使われる。鉢植えでも根張りが良いため、毎秋に株分けを兼ねて植え替えると良い。

キク科 

## コウテイダリア

*Dahlia imperialis*

皇帝ダリア、キク科ダリア属。メキシコなど中米に分布。高さ３～５メートルの大形で別名キダチ（木立）ダリア。根は塊根状でやや寒さに弱く冬上部は枯れる。葉は卵形で鋸歯があり対生する。10～12月、茎の上部の葉腋から花茎を出し、径８～15センチで藤色から赤紫色、中心が黄色の花を多数つける。短日性で９月に花芽を作るため、７月までに切り戻してやると低く咲かせられる。

キク科 

# セイヨウタンポポ

*Taraxacum officinale*

西洋蒲公英、キク科タンポポ属。自生地はヨーロッパだが、明治時代にアメリカを経て北海道に入った。繁殖力が強く今では全国に広がり、都会で見られるタンポポはほとんどこの種だ。最近、日本種との雑交が問題になっている。苞が反り返るのが特徴。ヨーロッパでは好んでサラダにして食べる。根は乾燥後、煎ってコーヒーの代用とする。

# さくいん

太字は写真・コラム掲載ページを示します

## ア行


**アオノツガザクラ 181**
**アオヤギバナ 255**
アカエビネ 56
**アカショウマ 133**
**アカボシシャクナゲ 196**
**アカモノ（実） 183**
**アキギリ 212**
**アキザキスノーフレーク 79**
**アキノキリンソウ 255**
**アケボノスミレ 147**
**アケボノソウ 202**
**アサザ 233**
アザミ 244
**アズマイチゲ 97**,110
**アツモリソウ 61**
アフリカヒヤシンス 88
アブラギク 242
**アマドコロ 87**
**アマナ 50**
**アマミデンダ 17**
**アミガサユリ 51**
**アメリカハッカクレン 96**
アヤメ 74，75
**アリストロキア・ギガンティア 28**
**アリマウマノスズクサ 23**
**アワコバイモ 39**
**アワモリショウマ 134**
**アンチューサ・ケスピトーサ 198**
アンデスの青い星 72
**イカリソウ 91**,94
**イシダテホタルブクロ 229**,231
イズイ 87
**イズモコバイモ 40**
**イソギク 240**,241
**イソツツジ 184**,194
イチゲソウ 99
イチバンツツジ 190
**イチリンソウ 99**,110
**イトシャジン 232**
**イトハカラマツ 116**
イヌチャセンシダ 16
**イブキジャコウソウ 214**
**イブキトラノオ 123**
**イブキフウロ 142**
**イヨカズラ 203**
**イリス・レティキュラータ 77**
イロハソウ 123
**イワウチワ 179**
**イワウメ 178**
**イワカガミ 179**
**イワギキョウ 226**
イワギク 242
**イワザクラ 168**,169
**イワシャジン 225**
イワジシャ 205
**イワタバコ 205**
**イワチドリ 54**,55
イワツバキ 187
イワツリガネソウ 225
**イワデンダ 16**
イワトユリ 44
**イワナシ 183**
**イワナンテン 187**
イワハゼ 183
**イワヒゲ 180**
**イワヒバ 14**
イワマツ 14
イワユリ 44
**インカルビレア・デラバイ 207**
インヨウカク 91
ウコギ 107
**ウサギギク 235**
**ウスキナズナ 162**
**ウスユキソウ** 207,250
**ウチョウラン 69**
**ウツボグサ 212**
**ウバユリ 38**
**ウブラリア・グランディフローラ 54**
**ウメバチソウ 145**
**ウラシマソウ 30**
**ウラジロ 15**,192
ウラジロイチゴ 155
**ウルップソウ 219**
**ウンナンハッカクレン 95**
エーデルワイス 250
エゾイヌナズナ 162
エゾウスユキソウ 251
**エゾエンゴサク 117**
エゾクロユリ 39
**エゾシオガマ 218**
エゾソナレギク 242
**エゾタカネツメクサ 125**
**エゾツツジ** 184,185
**エゾノツガザクラ 181**
エゾフウロ 142
**エゾルリソウ 197**
エッチュウミセバヤ 139
**エノモトチドリ 55**
**エヒメアヤメ 73**
**エビガライチゴ（実） 155**
**エビネ** 38,**56**,57,58,59

**エピメディウム・マクロセパラム　94**
**エンシュウハグマ　234**
**エンビセンノウ　127**
**エンレイソウ　36**
オオイワウチワ　179
オオエビネ　57
**オオシラヒゲソウ　145**
オオチダケサシ　134
オオバナノエンレイソウ　36
オオビランジ　126
**オオミノツルコケモモ（実）　197**
オオユウガギク　239
**オカトラノオ　172**
**オガワギキョウ　231**
**オケラ　240**
**オサバグサ　121**
**オタカラコウ　252**
**オダマキ　102**,103,112
**オチフジ　211**
**オトコエシ　224**
**オトメギボウシ　88**
**オドリコソウ　210**
オナガエビネ　57
**オナガカンアオイ　24**
オニツツジ　192
オニユリ　43
オミガキグサ　152
**オミナエシ　224**
オヨベギキョウ　231

## カ行

**カイコバイモ　40**
**カキツバタ**　74,75
**カキラン　63**
**カシノキラン　64**
カシワ　233
**カタクリ　37**,40
カタクリモドキ　176
カタコ　37
カタゴ　37
カッコソウ　169,170
**カナリーキキョウ　231**
**カノコユリ　43**
**カモメラン　67**
カヤ　70
**カヤラン　70**
**カライトソウ　158**
カラスウリ　47
カラフトミセバヤ　139
カラマツソウ　111
**カリガネソウ　208**
**カワラナデシコ　124**
**カンアオイ　26**
**カンカケイニラ　79**
**カンサイタンポポ　256**
**カンザシギボウシ　84**
カントウイワウチワ　179
**ガガブタ　234**
**キイジョウロウホトトギス　49**
**キエビネ　57**,59
**キキョウ　230**
**キクザキイチゲ　99**,110
キクザキイチリンソウ　99
**キクザキリュウキンカ　115**
**キクバクワガタ　221**
**キケマン　118**
キジムシロ　47
**キソウテンガイ　21**
**キタダケソウ　103**
キダチダリア　258
**キツネノカミソリ　78**
**キツリフネ　167**
**キヌガサソウ　35**
**キバナアキギリ　213**
**キバナイカリソウ　92**
**キバナオドリコソウ　215**
キバナシャクナゲ　194
**キバナチゴユリ　53**
**キバナノアマナ　42**
**キバナノコマノツメ　151**
**キバナノツキヌキホトトギス　48**
キランソウ　208
キリシマエビネ　57
キリンソウ　140
**キルタンサス・サンギネウス　80**
キレンゲ　192
**キレンゲショウマ　165**
**キンキマメザクラ　153**
キングルマ　235
キンバイソウ　111
**ギボウシ**　84,85
**クガイソウ　221**
**クキナシアザミ　257**
クサシモツケ　155
**クサナギオゴケ　203**
**クマガイソウ　62**
**クモノスミレ　147**
**クモラン（実）　71**
クランベリー　197
**クリスマスローズ　113**
**クリンソウ**　169,171
**クルマギク　236**
**クレマチス・モンタナ　112**
クロシマ　57
**クロバナオダマキ　112**
**クロフネサイシン　25**
**クロユリ　39**,112

グロキシニア　205
**ケイビラン　83**
ケシ　121,122
**ゲンカイツツジ　192**,194
**ゲンノショウコ　141**
**コアジサイ　164**
コアニチドリ　55
コイワウチワ　179
コウソウ　248
**コウテイダリア　258**
**コウホネ　22**
**コウヤボウキ　253**
コオズ　57
**コオニタビラコ　257**
**コオニユリ　43**
**コガネグルマ　258**
コケモモ　180
**コケリンドウ　199**
**コシダ　15**
**コシノコバイモ　41**
コダチレンゲショウマ　165
**コハマギク　241**,242
コバイモ　41
**コバノトンボソウ　68**
**コバノミツバツツジ**　189,**190**
コベニドウダン　187
**コマウスユキソウ　251**
**コマクサ　120**
コミヤマカタバミ　152
**コメツツジ　188**
**コンペキソウ　166**
ゴカヨウオウレン　107
**ゴゼンタチバナ　163**
ゴボウ　245
**ゴヨウツツジ　188**

## サ行

サイシン　26
**サカワサイシン**　25,26
**サギゴケ**　47,**217**
サギシバ　217
**サギスゲ　89**
**サギソウ**　47,**65**
**サクラソウ　169**
**サクラツツジ　190**
**サケバヒヨドリ　247**
**ササユリ　45**
サツキ　194
サツマ　57
**サツマチドリ　69**
**サツマノギク　243**
サトウキビ　216
**サボンソウ　130**
**サラサドウダン　186**
**サラシナショウマ　105**
サルビア　212
**サルマ・ヘンリー　28**
**サワギキョウ　230**
**サワヒヨドリ　247**
**サンインシロカネソウ　108**
**サンイントラノオ　222**
**サンカヨウ　90**
**ザゼンソウ　33**
**シクラメン**　174,175
**シクラメン・コウム　174**
**シクラメン・バレアリカム　174**
**シクラメン・プルプラセンス　175**
**シクラメン・ロールフシアナム　176**
**シコクカッコソウ　170**
**シコタンソウ　138**
**シコタンハコベ　129**
シシヒトツバ　20
**シシリンチウム・スツリアツム　78**
**シシンラン　206**
**シダ**　14,15,16,17,**18**,19,22,121
**シチダンカ　165**
**シナノキンバイ　111**
**シナノナデシコ　124**
**シノブ**　18,166
**シハイスミレ　148**
**シマカンギク　242**
シモツケ　155
**シモツケソウ　155**
**シモバシラ　210**
シャクナゲ　194,195,196
シューティングスター　176
**シュウカイドウ　160**
シュモクシダ　17
**シュンジュギク　239**
**シュンラン　60**
**ショウジョウバカマ　34**
**ショウハッカクレン　95**
**ショウブ　74**
ショウマ　101
**シライトソウ　34**
**シラタマノキ　182**
**シラネアオイ　109**
**シラユキゲシ　122**
シロバナエンレイソウ　36
**シロバナカザグルマ　105**
**シロバナタンポポ　256**
シロバナネコノメソウ　136
**シロバナノヘビイチゴ　157**
**シロバナハンショウヅル　106**
シロモノ　182
シロヤシオ　188
シンニンギア　205

ジエビネ　56
ジジババ　60
ジャコウチドリ　68
**ジュウニヒトエ　208**
**ジュウモンジシダ　17**
**ジョウロウホトトギス　48**
**ジロボウエンゴサク　117**
**ジンジソウ　137**
スイスイグサ　152
スイモノグサ　152
**スカシユリ　44**
ススキ　216
**スズフリイカリソウ　92**,93
スズメノオゴケ　203
スズメノケヤリ　90
スズメノテッポウ　47
**スズラン**　63,**83**
ストレプトカーパス　205
スハマソウ　170
スプリングスターフラワー　81
**スミレ**　117,**146**,147,148,150,151,206
スミレイワギリ　206
**スミレイワギリソウ　206**
**スミレサイシン　148**
セージ　212
**セイガンサイシン　27**
**セイヨウタンポポ**　256,**259**
**セッコク　62**
**セツブンソウ　110**
セトウチホトトギス　50
セリ　108
セリバ　119
**セリバオウレン　108**
**センジュガンピ　125**
セントポーリア　205
**センニンソウ　107**
センノウ　125
**センブリ　201**
ゼニミガキ　152
ゼラニウム　143

## タ行

タイム　214
**タイリントキソウ　71**
**タカサゴユリ　52**
**タカネ**　57,**59**
**タカネコンギク　237**
タカネツメクサ　125
**タカネビランジ 126**
**タコノアシ　138**
タチアオイ　36
タチツボスミレ　147,149
タチバナ　163
**タツタソウ　94**
**タツナミソウ　213**
タマノオ　139
タレユエソウ　73
タンポポ　256,259
ダイダイ　15
ダイダイエビネ　56
**ダイモンジソウ　137**
ダイヤモンドリリー　82
**ダボエシア・カンタブリカ　195**
**ダルマエビネ　58**
**ダルマギク　237**,241
**ダンガイノジョウオウ　207**
**ダンギク　209**
**チゴユリ　52**,53
**チシマギキョウ　227**,231
チダケサシ　133
**チャセンシダ　16**
**チャボリンドウ　202**
チョウチンバナ　228
**チョウノスケソウ　153**
**チリアヤメ　76**
**チングルマ　154**
ツキヌキウブラリア　54
ツクシマツモト　128
**ツクバネソウ　35**
**ツチアケビ**（実）　**63**
**ツツジ**　180,**194**
ツヅミグサ　256
ツバキ　187
**ツバメオモト　38**,47
**ツマトリソウ　172**
**ツリガネニンジン　226**
**ツリフネソウ　167**
ツルオドリコソウ　215
**ツルシロカネソウ　109**
ツルタチツボスミレ　147
**ツルハナガタ　173**
**ツルビランジ 127**
ツルラン　57
**ツルリンドウ　201**
**ツワブキ　249**
**テイショウソウ　235**
**テカリダケキリンソウ　140**
**テコフィレア・キアノクロクス　72**
テッポウユリ　52
**テリハノイバラ　158**
天使のロウソク　177
デンドロビウム　62
**トウテイラン　220**
トウロウバナ　228
トガクシショウマ　93
**トガクシソウ　93**
トキソウ　47

トキワイカリソウ　92
トキワシノブ　18
トキワナズナ　198
**トクノシマエビネ　58**
トクワカソウ　179
トコウ　26
トコロ　87
トサジョウロウ　48
トサミズキ　163
**トチナイソウ　171**
**トリアシショウマ　134**
トリカブト　100
トロロスミレ　148
**ドウダンツツジ　186**,194
**ドデカテオン・メディア　176**


## ナ行


**ナゴラン　70**
ナシ　183
**ナツエビネ　59**
**ナニワイバラ　159**,160
ナノハナ　162
**ナルキッサス・カンタブリクス　82**
**ナルコユリ　87**
**ナワシロイチゴ（実）　156**
**ナンバンギセル　216**
ナンブイヌナズナ　162
ニオイエビネ　57
**ニオイタチツボスミレ　149**
ニホンサクラソウ　169
ニラ　81
**ニリンソウ　100**,110
ニワゼキショウ　78
ネギ　81
**ネコノメソウ　135**
**ネリネ・ウンドゥラータ　82**
**ノアザミ　244**
ノイバラ　158
**ノコンギク　238**
**ノジギク**　241,**243**
**ノジスミレ　149**
**ノハナショウブ　74**


## ハ行


ハイビスカス　162
ハイマツ　182
**ハガクレツリフネ　168**
**ハクサンイチゲ　100**
**ハクサンシャクナゲ　194**
**ハクサンチドリ**　47,**67**
**ハクサンフウロ　141**,142
ハクツル　57
**ハコネギク　236**,237
**ハゴロモキンポウゲ　115**
ハゴロモヒトツバ　20
ハス　94,101
**ハタザオギキョウ　232**
ハッカクレン　95
ハッポウウスユキソウ　250
**ハトヤバラ　160**
ハナショウブ　74
**ハナニラ　81**
**ハナネコノメ　136**
ハナミズキ　163
**ハマアザミ　245**
**ハマギク**　241,253
**ハマゴウ　214**
ハマゴボウ　245
**ハマヒルガオ　204**
ハマベノギク　241
**ハマボウ　162**
**ハマボウフウ　223**
ハマレンゲ　219
**ハルトラノオ　123**
ハルフヨウ　109
**ハルリンドウ　200**
**ハンショウヅル　106**
**バイカイカリソウ**　92,93
**バイカオウレン　107**
**バイカカラマツ　111**
**バイカツツジ　191**
バイモ　51
バラ　159
パーフェクトプランツ　85
パンジー　146
**ヒオウギ　73**,75
**ヒオウギアヤメ　75**
**ヒカゲツツジ　193**,194
**ヒガンバナ**　78,**81**
ヒゴ　57
**ヒゴスミレ　150**
**ヒゴタイ　254**
ヒゼン　57
**ヒダカソウ　104**
**ヒダカミセバヤ**　139,**140**
**ヒツジグサ　23**
**ヒトツバ　20**
**ヒトツバオキナグサ　114**
**ヒトツバショウマ　135**
**ヒトリシズカ　29**
**ヒナスミレ　150**
**ヒナソウ　198**
**ヒナラン　55**
ヒノキ　180
ヒマワリ　235
**ヒメイワギボウシ　84**

ヒメウスユキソウ　251
**ヒメオドリコソウ　215**
**ヒメサユリ　45**
**ヒメシャガ　76**
**ヒメフウロ　142**
**ヒメフウロソウ　143**
**ヒメユリ　46**
ヒメリュウキンカ　115
**ヒメルリトラノオ　223**
ヒメワタスゲ　90
ヒュウガミズキ　163
**ヒヨドリバナ　47,246**
**ヒルザキツキミソウ　144**
ヒロハノカラン　57,58
**ビランジ　126**
**ビロードシダ　20**
**ピレオギク** 241,242
**フウラン　66**
**フウロソウ　143**
フキ　36
**フクジュソウ　98**
**フシグロセンノウ　128**
**フジアザミ　245**
**フジバカマ　248**
**フタバアオイ　24**
**フタリシズカ　29**
**フユイチゴ（実）　156**
**フユノハナワラビ　14**
**フリージア・ムイリー　77**
ブラジリアン・エーデルワイス　207
**プリムラ・メガセイフォリア　177**
**ヘビイチゴ（実）　157**
ベコツツジ　192
ベツレヘムの星　81
**ベニシュスラン　64**
**ベニドウダン　187**
ベニバナヒメフウロ　143
**ベニバナヤマシャクヤク　133**
**ホウコウユリ　51**
**ホウチャクソウ　53**
ホクロ　60
**ホザキサクラソウ　177**
**ホシザキカンアオイ　26**
ホソバ　119
ホソバコンロンソウ　161
ホソバタネツケバナ　161
**ホソバナコバイモ　41**
ホソバヒメトラノオ　222
**ホタルブクロ　227，228**
**ホツツジ　185**,194
**ホテイラン　60**
ホトケノザ　257
**ホトトギス　47**,49
**ホロテンナンショウ　30**
ホロムイツツジ　184
**ホンシャクナゲ　193**,194
ボンバナ　144

## マ行

**マイヅルソウ　86**
マキノスミレ　148
**マッソニア・プスツラータ　89**
マツハダ　188
**マツバラン　22**
**マツムシソウ　225**
**マツモトセンノウ　128**
マツヨイグサ　144
**ママコナ　217**
マメヅタ　56
**マメヅタラン　56**
**マヤラン　61**
**マユハケオモト　80**
マンサク　163
マンジュシャゲ　81
マンジュリカ　146
**マンドラゴラ　204**
ミガキグサ　152
ミスミソウ　170
**ミズギボウシ　85**
**ミズチドリ　68**
**ミズバショウ** 31,**32**,145
**ミセバヤ　139**, 140
**ミソハギ　144**
**ミツガシワ　233**
ミツデカグマ　17
**ミツバシモツケ　159**
**ミネズオウ　182**
**ミノコバイモ　42**
**ミヤウチソウ　161**
**ミヤコアオイ　27**
ミヤコツツジ　189
ミヤコワスレ　239
**ミヤマアズマギク　246**
ミヤマエンレイソウ　36
**ミヤマオダマキ　103**
**ミヤマカタバミ　152**
**ミヤマキケマン　118**
ミヤマクロユリ　39
ミヤマクワガタ　221
ミヤマコンギク　236
**ミヤマシオガマ　218**
**ミヤマスカシユリ　44**
ミヤマツツジ　191
ミヤマナデシコ　124
**ミヤマハナシノブ　166**
ミヤマヨメナ　239
ミョウガ　216

ムギクワイ　50
ムクゲ　162
**ムサシアブミ　31**
**ムシトリナデシコ　129**
**ムシャリンドウ　209**
ムラサキカタバミ　152
**ムラサキケマン　119**
ムラサキサギゴケ　217
**ムラサキヤシオツツジ　191**
**ムレチドリ　72**
メイアップル　96
**メコノプシス・ベトニキフォリア　122**
**メタカラコウ　252**
**モチツツジ　189**
**モモイロテンナンショウ　33**
モモイロバイカイカリソウ　93

## ヤ行

ヤクシマススキ　216
ヤクシマハイヒカゲ　193
**ヤクシマリンドウ　200**
**ヤシャビシャク（実）　132**
**ヤチツツジ　184,194**
**ヤツシロソウ　229**
**ヤノネシダ　19**
ヤブエビネ　56
ヤブケマン　119
**ヤブレガサ　254**
**ヤマアジサイ　164,165**
**ヤマエンゴサク　116**
**ヤマオダマキ　102**
**ヤマシャクヤク　131,133**
**ヤマシロギク　238**
**ヤマジノホトトギス　47,50**
**ヤマツツジ　189**
ヤマトナデシコ　124
ヤマトミセバヤ　139
**ヤマトリカブト　96**
ヤマノイモ　87
ヤマフヨウ　109
ヤマブキ　119
**ヤマブキソウ　119**
**ヤマホタルブクロ　228**
**ヤマホトトギス　47,49**
ヤマボウシ　163
ヤマミツバ　36
**ヤマユリ　46**
**ヤリノホクリハラン　19**
**ユキザサ　86**
**ユキモチソウ　31**
**ユキワリイチゲ　101**
**ユキワリソウ　170**
**ヨウラクラン　66**
**ヨツバシオガマ　219**
**ヨメナ　238,239**

## ラ行

**ラケナリア・ビリディフローラ　88**
**ラショウモンカズラ　211**
**リシマキア・コンゲスティフロラ　173**
**リシリヒナゲシ　121**
リュウキュウエビネ　57
**リュウキンカ　104**
**リュウノウギク　244**
**リンドウ　199**
**ルイコフイチゲ　114**
ルリイチゲ　101
**ルリトラノオ　222**
**レイジンソウ　97**
**レウイシア・ブラキカリックス　130**
**レウイシア・レディビバ　131**
**レブンウスユキソウ　251**
**レブンソウ　151**
**レンゲショウマ　101,165**
**レンゲツツジ　192**
**レンテンローズ　113**
**ロードデンドロン・アルボレウム　195**
**ロードデンドロン・カロリニアナム　196**
ロンギペス　89

## ワ行

**ワサビ　161,162**
**ワタスゲ　90**
**ワタナベソウ　136**

# 科別さくいん

最初のページを示しています


アオイ科　162
アカネ科　198
アカバナ科　144
アジサイ科　164
アブラナ科　161
アヤメ科　73
イヌサフラン科　52
イワウメ科　178
イワタバコ科　205
イワデンダ科　16
イワヒバ科　14
ウェルウィッチア科　21
ウマノスズクサ科　23
ウラジロ科　15
ウラボシ科　19
オオバコ科　219
オシダ科　17

カタバミ科　152
カヤツリグサ科　89
キキョウ科　225
キク科　234
キジカクシ科　83
キョウチクトウ科　203
キンポウゲ科　96
ケシ科　116

サギゴケ科　217
サクラソウ科　168
サトイモ科　30
シソ科　208
シノブ科　18
シュウカイドウ科　160
シュロソウ科　34
スイカズラ科　224
スイレン科　22
スグリ科　132
スミレ科　146
セリ科　223
センリョウ科　29

タコノアシ科　138
タデ科　123
チャセンシダ科　16
ツツジ科　180
ツリフネソウ科　167
テコフィレア科　72

ナス科　204
ナデシコ科　124
ニシキギ科　145
ヌマハコベ科　130
ノウゼンカズラ科　207

ハナシノブ科　166
ハナヤスリ科　14
ハマウツボ科　216
バラ科　153
ヒガンバナ科　78
ヒルガオ科　204
フウロソウ科　141
ベンケイソウ科　139
ボタン科　131,133

マツバラン科　22
マメ科　151
ミズキ科　163
ミソハギ科　144
ミツガシワ科　233
ムラサキ科　197
メギ科　90

ユキノシタ科　133
ユリ科　37

ラン科　54
リンドウ科　199

# 山野草の栽培

「山野草」の定義はあまりはっきりしません。基本的には世界中の野生草本植物と言うことなのでしょうが、趣味で栽培を楽しんでいる山草家の棚や庭には園芸的に交配作出された野生ではない植物や多肉植物、木本、洋ランなどもあります。しかし私たち神戸山草会では、栽培はなんでも自由ですが、展示会などで皆さんに観て戴くには原則として原種とし、例外としてコンパクトで派手でなく、あくまでも自然に近い草本、球根及び木本としています。

高山から海岸、湿地、水中まで、いろいろな環境に生える植物の栽培は多岐にわたり、特に夏が暑く湿度の高い当地では苦労がつきもので、栽培技術の上手下手はここにありと言っても過言ではありません。

気候から考えるとイギリスは緯度で言うと北海道をはるかに越えてサハリンよりも北になります。簡単にEnglish Garden の真似は難しく、何と言っても暑さ対策は苦労で、中には栽培が不可能と思われるものもあります。

さて、主として鉢植え栽培について参考になることをまとめてみると、土は「水持ちよく、水捌け良く、通気性の良い用土」と言うと難しいのですが、市販されている山砂、桐生砂、鹿沼土、赤玉土、日向土、その他の軽石、水苔等を組み合わせます。山砂は水捌け良く、赤玉土は崩れ易いのですが水持ちが良い。桐生、鹿沼はその中間と言うところですが、どちらかと言うと桐生は山砂に、鹿沼は赤玉に近いと考えます。土は全て１ミリ以下は捨て、中（～７ミリ）、大、にふるい分けて使います。

まずは例として「サクラソウ」を植えてみましょう。春、日本の野生種も、改良された園芸種も売り出されています。また外国産の物もありますがやや栽培困難な物があり、初めは「桜草」として売られている日本の物が良いでしょう。水を好むものなので、この場合中粒の鹿沼土、赤玉土、日向土をそれぞれ等量の割合で植えてみましょう。

鉢は底に穴のある容器です。容積には限りがあるので長く植え替えないと根がいっぱいになり、水が通りにくくなると同時に土の持つ微量要素が欠乏します。水や肥料分を吸収するのはほとんど新しい根の先端ほんの少しの部分なので、新しく根が伸びられるように植え替えが必要になります。時期は夏の休眠から覚める晩秋から早春が最良で、長い根は適当に切り詰め、新しい根が伸びるのを促します。

鉢底を網で塞ぎ、大粒を底の隠れるまで2〜3重に入れ、用土を中高に盛り上げて、用意した苗を跨らせるように乗せ、周りから埋めていきます。軽くトントンと土を落ち着かせて、鉢底から濁りがなくなるまで水を通します。

山草は「足で栽える」と言います。毎日毎日見ていると成長の具合がわかり、水や肥料は成長に合わせて活発な時はたっぷりと、休眠期、特に真夏や真冬はやや乾き気味に。一般的には鉢の中３分の1から半分くらい乾いた時が好機でしょう。肥料は薄く、やりすぎないように。オバケのように育つと山草のイメージが壊れます。真夏と真冬を除き月に２度ほど液肥の1000倍溶液を施すぐらいが良く、遅効性の固形肥料を施すのも効果があります。

鉢については通気性の良い素焼きに近いものが難物の栽培には良いのですが、山草用の丹波や信楽の物が販売されています。中でも丹波立杭の伝市鉢は仕立鉢としても飾り鉢としても非常に良くお奨めです。

真夏の長時間の直射日光下は人間にも厳しすぎます。半日陰に日光を遮るか、木漏れ日の下に取り込みましょう。可能な限り鉢を高温にしないように。

最後に、近頃は園芸店でもネットでもたいていの山草が手に入ります。初心の方は出来ればまず10鉢ほどから始めてください。うっかり見るのを忘れるようでは駄目。毎日毎日見てやってください。そして興味を持っていろいろ知りたくなったら山草会に参加してください。神戸山草会では毎月の例会で栽培技術の講習や、珍しい植物の交換配布を行っています。何時でもご連絡を待っています。

## 写真提供者

網　　順三
粟田　淑江
上原千寿子
鎌野　睦
北村　勝子
高木　芳子
田中　義昭
橋本　薫
馬場　郁夫
平岡　熙
山本　悟而
横谷なほみ
森田　吉重

# おわりに

ありふれた路傍の草、喘ぎながらたどり着いた山頂の高山植物。夏の暑さ、冬の寒さに心を配り愛し育ててきた山草・野草。メンバーがその時々に心を込めて記録してきた花の写真を集めて、何とか一年三ヶ月余(453日)、神戸新聞紙上に載せて戴いたコラムの集大成です。

もちろんプロの専門の技術ではなく、素人の写真ですが、必死に締め切りを守って書いてきた私には有難い貴重な写真でした。例え物理的、環境的に栽培不可能な物であっても、折につけ記録として心に残っている写真を提供してくれたメンバーに感謝しています。また、神戸山草会現会長馬場郁夫兄は学名を精査し色々助言をしてくれました。

学術的な図鑑や栽培技術書ではありませんが、手元に置いてそれぞれの花の、草の名前や戸籍、表情を楽しんで貰えたら法外の喜びです。

結果的に2002年に同じ神戸新聞総合出版センターから出して戴いた『ひょうごの山野草』の続編のようになったのですが、そもそもこの企画を与えてくださった西香緒理さん、武田良彦さん、正確に文章を修正、指導して下さった山崎整さん、それに最後まで面倒を見てくださった浜田尚史さんに心からお礼を申し上げます。

雑草苑　森田吉重

四季の山野草 身近な草花453種

2019年6月21日　第1刷発行

著　者　森田吉重（神戸山草会）
発行者　吉村一男
発行所　神戸新聞総合出版センター
〒650-0044　神戸市中央区東川崎町1-5-7
神戸情報文化ビル9F
TEL　078-362-7140
FAX　078-361-7552
http://kobe-yomitai.jp/

本文デザイン　正垣　修
印刷所　株式会社神戸新聞総合印刷

乱丁・落丁本はお取り替え致します。
本書に掲載した写真・文章の無断転載を禁じます。
©Yoshishige Morita 2019,Printed in Japan
ISBN978-4-343-01024-7　C0045